國家社科基金重大委托項目"《子海》整理與研究"成果

山東省社科規劃重大委托項目成果

子海精華編

主編 王承略 聶濟冬

女誡

[漢] 班昭 撰　[清] 王相 箋注　胡長青 點校

忠經集校

[漢] 馬融 撰　[漢] 鄭玄 注　鄧駿捷 集校

物理論

[晉] 楊泉 撰　[清] 孫星衍 輯　瞿江月 點校

素履子校注

[唐] 張弧 撰　郝明朝 校注

山東人民出版社·濟南

國家一級出版社　全國百佳圖書出版單位

圖書在版編目（CIP）數據

女誡/（漢）班昭撰；（清）王相箋注；胡長青點校. 忠經集校/（漢）馬融撰；（漢）鄭玄注；鄧駿捷集校. 物理論/（晋）楊泉撰；（清）孫星衍輯；翟江月點校. -- 濟南：山東人民出版社，2018.2
（子海精華編/王承略，聶濟冬主編）
本書與“素履子校注”合訂
ISBN 978 - 7 - 209 - 11179 - 9

Ⅰ. ①女… ②忠… ③物… Ⅱ. ①班… ②馬… ③楊… ④王… ⑤胡… ⑥鄭… ⑦鄧… ⑧孫… ⑨翟… Ⅲ. ①婦女—封建道德—中國—古代 ②家庭道德—中國—古代 ③物理學史—中國—晋代 ④封建道德—中國—古代 Ⅳ. ①B82 ②O4 - 092

中國版本圖書館 CIP 數據核字（2017）第 302377 號

責任編輯：孫　姣　李　濤　張艷艷
封面設計：武　斌

女　誡
[漢]班昭 撰　　[清]王相 箋注　胡長青 點校
忠經集校
[漢]馬融 撰　　[漢]鄭玄 注　鄧駿捷 集校
物理論
[晋]楊泉 撰　　[清]孫星衍 輯　翟江月 點校
素履子校注
[唐]張弧 撰　郝明朝 校注

主管部門　山東出版傳媒股份有限公司
出版發行　山東人民出版社
社　　址　濟南市英雄山路 165 號
郵　　編　250002
電　　話　總編室（0531）82098914
　　　　　市場部（0531）82098027
網　　址　http：//www. sd - book. com. cn
印　　裝　山東臨沂新華印刷物流集團有限責任公司
經　　銷　新華書店

規　　格　32 開（148mm ×210mm）
印　　張　6.5
字　　數　110 千字
版　　次　2018 年 2 月第 1 版
印　　次　2018 年 2 月第 1 次
ISBN 978 - 7 - 209 - 11179 - 9
定　　價　46.00 圓
　　　　　如有印裝質量問題,請與出版社總編室聯繫調換。

國家社科基金重大委托項目"《子海》整理與研究"成果之一

《子海精華編》

工作委員會

主　　任：樊麗明　王清憲

副 主 任：李建軍　胡金焱　劉致福　張志華

委　　員（按姓氏筆畫排列）：

王　飛　王　偉　王君松　王學典　方　輝　巴金文

邢占軍　杜　福　李平生　李劍峰　吳　臻　胡長青

孫鳳收　陳宏偉　劉丕平　劉洪渭

編纂委員會

學術顧問：安平秋　周勛初　葉國良　林慶彰　池田知久

總 編 纂：鄭傑文（首席專家）　王培源

副總編纂：王承略　劉心明

委　　員（按姓氏筆畫排列）：

王　瑋　王　震　王小婷　王國良　李　梅　李士彪

李玉清　何　永　宋開玉　苗　菁　郝潤華　姜　濤

馬慶洲　秦躍宇　高海安　陳元峰　黃懷信　張　兵

張曉生　單承彬　蔡先金　漆永祥　鄧駿捷　劉　晨

聶濟冬　蘭　翠　竇秀艷

《子海精華編》出版説明

"子海",即"子書淵海"的簡稱。"《子海》整理與研究"課題係國家社科基金重大委托項目、山東省社科規劃重大委托項目。該課題分《珍本編》《精華編》《研究編》《翻譯編》四個版塊,力圖把子部珍稀文獻、精華文獻進行深層次的整理、研究和譯介,挖掘子部文獻的價值,促進子學研究的發展。

山東大學向來以文史見長。古籍整理與子學研究,是其中的傳統研究方向。"《子海》整理與研究",是在山東大學前輩學者高亨先生積三十年之力陸續做成的《先秦諸子研究文獻目録》的基礎上,由已故著名古籍整理與研究專家董治安先生參與策劃、設計的大型綜合研究課題。課題立項後,得到了宣傳部、教育部、財政部、山東省政府和山東大學的大力支持,學界同仁踴躍參與。《精華編》的整理研究團隊近兩百人,來自海内外四十八所高校和研究機構。在組織管理上,《精華編》努力探索傳統文化研究協同創新的新體制、新機制,現已呈現出活力和實效。

華夏文明是由多元文化構築而成的。中國古代子部典籍,以歷代士人個性化作品的形式,系統性地展示了華夏民族的世界觀和方法論,立體性地反映了中華民族對世界文明發展的貢獻。其中,無論是宏篇大論,還是叢殘小語,都激蕩着歷史的聲音,閃爍着智慧的光芒,構成中國古代思想、藝術、科技和生活方式的主體内容。《精華編》通過對子部最优秀的典籍的整理,一方面擷英取粹,爲華夏文明的傳播提供可靠的資源和文本;另一方面以古鑒今,爲當下社會的發展提供智力支持和精神支撑。並希望進而梳理中華傳統文化的多元結構,繼承中華優秀傳統文化的一貫文脈。

根據漢代以後子學發展和子部典籍的實際情況,參照官私目録的分類與著録,《精華編》選取先秦諸子、儒學、兵家、法家、農家、醫家、曆算、術數、藝術、雜家、小説家、譜録、釋道、類書等十四個類目的要籍幾百種,編爲目録,作爲整理的依據,而在成果展現上則不出現具體的類目。爲統一體例,便於工作,《精華編》編有詳細的《整理細則》,并有簡明的《整理要則》,供整理者遵循使用。

《精華編》整理原則是,對每種子書的整理,突出學術性、資料性和創新性,力求吸納已有的整理成果,推出更具參考價值、更方便閲讀的整理文本。所采用的整理方式,大體有三種:一、部頭較大且前人未曾整理者,采用標點、校勘的方式整理;二、前人曾經標點、校勘者,或采用抽换更好或别具學術特色底本的方式整理,或采用集校、集注的方式整理,或采用校箋、疏證的方式整理,或綜合使用以上方式;三、前人已有較好的注本者,則采用集注、彙評、補正等方式整理。

《精華編》采用五次校審、遞進推動的管理程式,即:一、初校全稿。子海編纂中心組織碩、博研究生,修改文稿錯別字,規範異體字,調整格式,發現並標明校點中的不妥之處。二、初審文稿。子海編纂中心的編纂人員根據情況,解決初校時發現的問題,並判斷書稿的整體質量。三、匿名評審。聘請資深教授通審全稿,全面進行學術把關,消滅硬傷,寫出審稿意見。四、修改文稿。子海編纂中心及時把專家審稿意見反饋給整理者。整理者根據審稿意見修改,做出新文稿。五、終審文稿。待新文稿返回子海編纂中心後,總編纂做最後的學術質量把關。五步程序完成後,將文稿交付出版社。

五次校審的目的是爲了保證學術質量,提高整理水平,減少錯訛硬傷。但校書如掃塵埃落葉,隨掃隨有,《精華編》雖經多道程序嚴加把關,仍難免有錯,懇請方家不吝指教。子海編纂中心將及時總結經驗,吸取教訓,把工作做得更好,以實現課題設計的初衷。

目　録

女　誡

忠經集校

物理論

素履子校注

女

誡

整理説明

　　曹大家（約 45？—約 117？），本姓班，名昭，字惠姬。
東漢扶風安陵（今陝西咸陽東北）人。通儒班彪之女，史家
班固、名將班超之妹。嫁同郡曹壽，早寡，獨自撫育兒女。
《後漢書・列女傳》載其博學高才，“兄固著《漢書》，其八
《表》及《天文志》未及竟而卒，和帝詔昭就東觀藏書閣踵
而成之”，昭獨立完成《百官公卿表》與《天文志》，“帝數
召入宮，令皇后、諸貴人師事焉，號曰大家。每有貢獻異物，
輒詔大家作賦、頌。及鄧太后臨朝，與聞政事。以出入之勤，
特封子成關內侯，官至齊相。時《漢書》始出，多未能通
者，同郡馬融伏於閣下，從昭受讀，後又詔融兄續繼昭成
之”。“昭年七十餘卒，皇太后素服舉哀，使者監護喪事。所
著賦、頌、銘、誄、問、注、哀辭、書、論、上疏、遺令，
凡十六篇。子婦丁氏爲撰集之，又作《大家贊》焉。”原有
文集三卷，今多已不傳。《女誡》以外，尚有爲兄超求代疏、
上鄧太后疏，存於《後漢書》；《東征賦》選入《文選》，得
以流傳。爲班固《幽通賦》所作注，存《文選》李善注中。

《鍼縷賦》《大雀賦》《蟬賦》《欹器頌》碎錦零箋，清人嚴可均輯入《全後漢文》中。

《女誡》本爲教導曹家女兒輩道德修養、行爲規範之書，大儒"馬融善之，令妻女習焉"，即流行於世。至明末，江西臨川人王相將《女誡》與明成祖時徐皇后所撰《內訓》、唐人宋若莘編著《女論語》及其母劉氏所寫《女範捷錄》四部書，一一加以箋注，於明天啓四年（1624），由多文堂合刻爲《閨閣女四書集注》。嗣後翻印，簡稱《女四書》，爲當時女子之必讀書，自明至清以及民國初年，各地廣爲刊刻，版本繁多。計有清光緒二年（1876）金陵刻本、清光緒六年（1880）李光明莊刊本、清光緒十三年（1887）上海江左書林刊本、清光緒二十四年（1898）書業德刻本及日本刊本等。

本書據臺灣大學圖書館藏清光緒二年金陵刻本整理點校。

一、以中華書局 1965 年版《後漢書》（簡稱中華本）、清王先謙《後漢書集解》（簡稱集解本）校勘《女誡》正文。

二、兼采《後漢書》唐李賢注、清王先謙集解，以補王相箋注之不足。

三、明趙南星、張居正《曹大家女誡直解》，其言淺近通俗，與箋注文體不合，不予采擇。

女　誡

莆陽鄭漢濯之　校梓

　　曹大家，姓班氏，名昭。後漢平陽曹世叔妻，扶風班彪之女也。世叔早卒，昭守志，教子曹穀成人。長兄班固作《前漢書》，未畢而卒，昭續成之。次兄班超，久鎮西域，未蒙詔還。昭伏闕上書，乞賜兄歸老。和熹鄧太后嘉其志節，詔入宮以爲女師，賜號大家。皇后及諸貴人皆師事之。著《女誡》七篇。

女誡原序

　　鄙人愚暗，受性不敏，蒙先君之餘寵，

【箋注】

先君，大家父彪也。彪字叔皮，光武時官著作郎。典文翰，名稱當時。

　　賴母師之典訓。年十有四，執箕帚于曹氏，

【箋注】

帚，音肘。箕帚，所以除污穢、賤者之事也。謙言不敢當爲曹氏婦，但執箕帚之役耳。

　　胡按，"帚于"，中華本作"箒於"，集解本作"帚於"。李賢注曰：母，傅母也。師，女師也。《左傳》曰："宋伯姬卒，待姆也。"《毛詩》曰："言告師氏，言告言歸。"

　　今四十餘載矣。戰戰兢兢，常懼黜辱，

【箋注】

　　戰兢，恐懼不安之貌。黜，遣退也。辱，訶責也。常懷恐懼之心，惟慮得罪於舅姑夫主也。

　　胡按，中華本、集解本"今"上並有"于"字。

　　以增父母之羞，以益中外之累。

【箋注】

　　婦道不修，或被譴責，則貽羞于父母，玷累于中外。中爲夫家，外謂父母家之眷屬也。

　　胡按，李賢注曰：中，內也。

　　是以夙夜劬心，勤不告勞，

【箋注】

　　劬，音渠。夙，早也。劬，勞苦也。告，誇示也。言事事躬執婦道，備執勞苦早暮。雖亟憂勤，而不敢誇示於人也。

　　胡按，中華本、集解本無"是以"二字。

　　而今而後，乃知免耳。

6

【箋注】

今年已老，子孫成立，庶幾免於憂勤。

　吾性疏愚，教導無素，恒恐子穀負辱清朝。

【箋注】

　疏，闊略也。無素，時訓時不訓也。子穀，大家子曹穀，字貽善。清朝，清明聖治之朝也。自言教子無疏常，恐其入仕，負罪于朝廷也。

　胡按，中華本、集解本“疏愚”作“疏頑”。中華本“導”作“道”，二字通。李賢注曰：素，先也。《三輔決録》曰：“齊相子穀，頗隨時俗。”注云：“曹成，壽之子也。司徒掾察孝廉，爲長垣長。母爲太后師，徵拜中散大夫。”子穀即成之字也。

　聖恩横加，猥賜金紫，實非鄙人庶幾所望也。

【箋注】

　言子幸無過，蒙聖恩增其爵禄，賜以金紫之榮，其實非我所敢望也。

　　男能自謀矣，吾不復以爲憂。但傷諸女方當適人，而不漸加訓誨，不聞婦禮，懼失容他門，取辱宗族。

【箋注】

　言男能服官，自善其身。諸女時當出嫁，苟不教之以禮，或失禮節容貌於他姓之門，而貽羞恥於父兄宗族也。

　胡按，中華本、集解本“憂”下有“也”字，“他”作“它”，“辱”作“恥”。

吾今疾在沉滯，性命無常，念汝曹如此，每用惆悵。

【箋注】

惆悵，音紬帳。惆悵，憂憒也。言吾有疾，久不能愈，恐或死亡，而諸女失教，是以常增憂憒也。

因作《女誡》七篇，願諸女各寫一通，庶有補益，俾助汝身。去矣，其勖勉之！

【箋注】

俾，使也。言作此書以誡諸女，苟能奉行而不失，則可以補助其身而無咎矣。去矣，謂諸女于歸，行去母而歸夫家也。

胡按，中華本"因"作"閒"，集解本作"間"。"俾"，中華本、集解本並作"裨"，與上句犯復，不如"俾"字義長。李賢注曰：去矣，猶言從今已往。

卑弱第一

【箋注】

天尊地卑，陽剛陰柔。卑弱，女子之正義也。苟不甘于卑而欲自尊，不伏于弱而欲自强，則犯義而非正矣。雖有他能，何足尚乎！

古者生女三日，臥之牀下，弄之瓦塼，而齊告焉。

【箋注】

塼與磚同。齊，音齋，下同。《詩》云："乃生男子，載寢之牀。載衣之裳，載弄之璋。乃生女子，載寢之地。載衣之裼，載弄之瓦。"

寢之牀，尊之也。寢之地，臥之牀下，卑之也。裳，盛服，貴之也。褐，即襁褓之衣，而無加焉，賤之也。璋，半圭，卿大夫所執；弄之璋，尊貴之執也。瓦，紡塼之瓦，織衽所用，女子之事，卑賤之執也。齊告，告於宗廟也。褐，音替。

胡按，中華本、集解本“齊”並作“齋”，下同。

臥之牀下，明其卑弱，主下人也。弄之瓦塼，明其習勞，主執勤也。齊告先君，明當主繼祭祀也。

【箋注】

此申明前義。下人，謂當執卑下之禮于人也。執勤，欲其躬親紡織，力任勤苦也。繼祭祀，謂職主中饋，潔其酒食，以助夫之祭祀也。孟母曰：“婦人之禮，精主飯，冪酒漿，養舅姑，縫衣裳而已。”故有閨門之修，而無閫外之志，此之謂也。女子始生，即以是期之視之，其實婦人之道，亦即此而無加也。冪，音密。閫，困上聲。

三者，蓋女人之常道，禮法之典教矣。謙讓恭敬，先人後己，有善莫名，有惡莫辭，忍辱含垢，常若畏懼，卑弱下人也。

【箋注】

此又申明三者之道。謙讓恭敬，不敢慢於人也。先人後己，不敢僭於人也。有善莫名，不敢誇美。有惡，謂奉尊者之命，而有為人所賤惡之事，但承命而行，莫敢辭也。忍辱含垢，不敢致辨。常若畏懼，不敢自安。卑弱，下人之道盡矣。

胡按，中華本、集解本“卑弱”作“是謂卑弱”。“有善莫名”，李賢注曰：不自名己之善也。

晚寢早作，不憚夙夜；執務私事，不辭劇易；所作必成，手迹整理，是謂執勤也。

【箋注】

劇，音極。作，起也。私事，細務也。劇，煩重也。言當遲寢而早興，不憚深夜，而躬爲婦職所務之事。不問難易，惟期勤力操作而必成之。手迹完繕，整理必精美而不粗率。執勤之道，於斯盡矣。

胡按，中華本、集解本"不憚"並作"勿憚"。李賢注曰：作，起也。劇猶難也。

正色端操，以事夫主；清靜自守，無好戲笑；潔齊酒食，以供祖宗，是謂繼祭祀也。

【箋注】

齊，如字。言正其顏色，端其操行，以事其夫。幽閒貞靜，言笑不苟。潔治整齊酒食祭品，以相夫主而供先祀。是繼祀之道盡矣。

胡按，中華本、集解本"潔"並作"絜"，字通。

三者苟備，而患名稱之不聞，黜辱之在身，未之見也。

【箋注】

言爲婦人，能下於人，習執勤勞，承繼祭祀。三者咸備，則名譽彰著於內外，黜辱不及於身矣。

三者苟失之，何名稱之可聞，黜辱之可免哉！

【箋注】

無是三者，則黜辱必不能免，又何名譽之可稱哉！

胡按，中華本、集解本“免”作“遠”。

夫婦第二

【箋注】

三者既備，然後可以爲婦。然夫婦之道，又不可不知也。故次夫婦第二。

　　夫婦之道，參配陰陽，通達神明，信天地之弘義，人倫之大節也。

【箋注】

參，合也。弘，大也。言夫婦之禮，陰陽配合，綱維之義，感格神明，乃天地之大經，人生之大道也。

　　是以禮貴男女之際，《詩》著《關雎》之意。由斯言之，不可不重也。

【箋注】

言聖王制禮，始謹於男女之別。夫子刪《詩》，首列《關雎》之篇。文王好逑淑女，以成其內治之美。夫婦之道，人倫之始，不可不重也。

胡按，中華本、集解本“意”作“義”。李賢注曰：《禮記》曰：“昏禮者，將合二姓之好，上以事宗廟，而下以繼後世也，故君子重之。”《詩·關雎》，樂得賢女，以配君子也。

夫不賢，則無以御婦；婦不賢，則無以事夫。夫不御婦，則威儀廢缺；婦不事夫，則義理墮闕。方斯二者，其用一也。

【箋注】

御，節制也。事，敬奉也。夫不賢明，則威儀廢失，不足以御其婦。婦不貞淑，則義理蕩逸，不可以事其夫。二者均不可失。

胡按，“二者”，集解本同，中華本作“二事”。李賢注曰：墮，音許規反。墮，廢也。

察今之君子，徒知妻婦之不可不御，威儀之不可不整，故訓其男，檢以書傳。

【箋注】

言當世之君子，而知治家之道，亟知妻妾之間，不可不御之以禮，而整肅其威儀。故時檢古書經傳，以訓其子孫。

殊不知夫主之不可不事，禮義之不可不存也。

【箋注】

非不知之，但重於男而略於女，謂不可語以《詩》《書》經傳之義也。是以當時無女教之書，而女子鮮知事夫之義，未明閨門之禮。

但教男而不教女，不亦蔽於彼此之數乎！

【箋注】

蔽，偏蔽也。言男女之訓，其義一也。知此而不知彼，不亦偏蔽乎！

禮，八歲始教之書，十五而至於學矣。獨不可以此爲則哉！

【箋注】

古禮，男女六歲，教之數目、方名。七歲，男女不同食，不共坐。八歲，男入小學而就外傅。十五則入大學。女八歲，親姆教訓以禮讓，教以織紝組紃。十五而笄。二十而嫁。此言男子既知教以《詩》《書》矣，女子獨不可教以禮讓乎！

胡按，中華本、集解本"以此爲則"作"依此以爲則"。

敬順第三

【箋注】

前章但言夫婦之大端，不可不教以爲婦之道。此章方發明敬順之禮。敬順，即首章卑下習勤之事也。

胡按，中華本、集解本"敬順"作"敬慎"。

陰陽殊性，男女異行。陽以剛爲德，陰以柔爲用；男以強爲貴，女以弱爲美。故鄙諺有云："生男如狼，猶恐其尪；生女如鼠，猶恐其虎。"

【箋注】

行，去聲。尪，音汪。言陰陽男女，性行各別。陽剛陰柔，天之道也。男強女弱，人之性也。鄙俗之言曰：生男如狼之強，猶恐其有尪羸之弱疾；生女如鼠之伏，猶恐其有猛虎之強。概極言之也。

胡按，中華本、集解本"強"並作"彊"，字通。下同。

然則修身莫如敬，避強莫如順。故曰敬順之道，爲婦之大禮也。

【箋注】

敬者，修身之本也。順者，事夫之本也。故爲禮之大者。

胡按，中華本、集解本“爲婦”作“婦人”。

夫敬非他，持久之謂也。夫順非他，寬裕之謂也。持久者，知止足也。寬裕者，尚恭下也。

【箋注】

夫，音扶。夫婦之久，非一時之敬。久而能敬，故偕老而不衰，亦非一時之順。寬裕溫柔，故含容而弱順。止足安分，故於夫無求全之心，而敬可久。寬柔恭下，故於夫多含弘之度，而順可長。則敬順之道全矣。

胡按，中華本、集解本“他”並作“它”。

夫婦之好，終身不離。房室周旋，遂生媟黷。

【箋注】

媟，音襲。黷，音讀。媟，戲慢也。黷，忓觸也。言夫婦有終身之好，閨房狎玩而戲侮日生，則敬順之道虧矣。

媟黷既生，語言過矣。語言既過，縱恣必作。縱恣既作，則侮夫之心生矣。此由於不知止足者也。

【箋注】

媟則不敬，黷則不順，敬順既虧，則語言驕慢。故縱肆恣而無忌，凌侮其夫，無所不至矣。由於不知足而求全責備，不安分而放縱自強，不明敬夫之道也。

　　夫事有曲直，言有是非。直者不能不爭，曲者不能不訟。訟爭既施，則有忿怒之事矣。此出於不尚恭下者也。

【箋注】

　　夫，音扶。訟者，理本曲而務求其直也。夫婦之間，言語乖侮，則爭訟日生，忿怒相向，而不安於室。苟能寬裕溫柔，恭順卑下，何至於此乎！

　　侮夫不節，譴呵從之；忿怒不止，楚撻從之。夫爲夫婦者，義以和親，恩以好合，楚撻既行，何義之存？譴呵既宣，何恩之有？恩義俱廢，夫婦離行。

【箋注】

　　夫爲之夫，音扶。譴，音遣。行，音杭。譴，謂斥辱也。楚撻，鞭笞也。行，列也。離行，黜退也。言婦人侮夫，不知止節，必致訶遣之辱、楚撻之傷，則恩義廢絶。夫婦乖離，不可復合矣。

　　胡按，中華本、集解本“離行”作“離矣”。

婦行第四

【箋注】

　　行，去聲。敬順主於心，行則見於事。四行，即四德是也。

　　女有四行：一曰婦德，二曰婦言，三曰婦容，四曰婦功。

【箋注】

四行，女子常行也。心之所施，謂之德。口之所宣，謂之言。貌之所飾，謂之容。身之所務，謂之功。

夫云婦德，不必才明絕異也；婦言，不必辯口利辭也；婦容，不必顏色美麗也；婦功，不必技巧過人也。

【箋注】

夫，音扶。四行，但取其適中無忝，不期其才辯美巧，大過於人。

胡按，中華本、集解本"技巧"作"工巧"。

幽閒貞靜，守節整齊，行己有恥，動靜有法，是謂婦德。

【箋注】

幽，清肅也。閒，整暇也。貞，正固也。靜，慎密也。節，制度威儀之節，守之敬慎而無失也。行己有恥，行事中禮，無貽恥笑於人也。動靜有法，行止有常，中乎法度也。

胡按，中華本"幽閒"作"清閑"，集解本作"清閒"。

擇辭而說，不道惡語，時然後言，不厭於人，是謂婦言。

【箋注】

擇辭，謂未言之先，選擇量度，不失禮義，而後言自無惡語，傷觸於人也。然又當因時而後言。雖言之詳，而人自不厭也。

盥浣塵穢，服飾鮮潔，沐浴以時，身不垢辱，是謂婦容。

【箋注】

盥浣，音管玩。盥浣，皆洗也。衣無新舊，皆當洗濯，鮮明潔淨。沐髮浴身，使不垢污，以取恥辱，而容光潤澤矣。

專心紡績，不好戲笑，潔齊酒食，以供賓客，是謂婦功。

【箋注】

紡績，婦人之常業，故宜專心習之而不倦。戲笑，非婦女所宜，故戒謹而不好。賓客時至，則整齊潔淨酒食以待之。《詩》曰："無非無儀，惟酒食是議。"此之謂也。

胡按，中華本、集解本"以供"作"以奉"，義長。

此四者，女子之大節，而不可乏無者也。然爲之甚易，唯在存心耳。古人有言："仁遠乎哉？我欲仁，而仁斯至矣。"此之謂也。

【箋注】

言德、言、容、功四者，婦道之常，而不可缺一。然爲之亦不難，但存心而一，無不當也。古聖人之言：仁豈遠於人哉，我一心欲行仁，仁即至矣。何德、言、容、功之不可備乎！

胡按，中華本、集解本"大節"作"大德"，"乏無"作"乏之"。

專心第五

【箋注】

專，一也。謂婦人之道，專一於夫而無二志也。

禮，夫有再娶之義，婦無二適之文。

【箋注】

適，謂更嫁也。夫無妻則烝嘗無主，繼嗣不立，故不得不再娶。婦人之道，從一而終，故夫亡無再嫁之禮也。

故曰：夫者，天也。天固不可違，夫故不可離也。

【箋注】

《禮》曰：夫乃婦之天。天命不可違，夫義不可離也。夫亡而嫁，是離背其夫也。

胡按，中華本、集解本"可違"作"可逃"。

行違神祇，天則罰之；禮義有愆，夫則薄之。

【箋注】

愆，音騫。人之德行有虧，干犯神怒，天則降殃，罰於其身。婦人之禮，時有愆咎，則爲丈夫所薄。

故《女憲》曰："得意一人，是謂永畢；失意一人，是謂永訖。"由斯言之，夫不可不求其心。

【箋注】

《女憲》，古賢者訓女之書，今未詳其所出。一人，夫也。畢，終也。訖，離散也。謂婦得意於其夫，則和諧而永終畢世。若失意於其夫，則悖亂乖離，夫婦之道訖矣。由此觀之，爲婦之道，豈可不求其夫之心志，而失其意乎！

然所求者，亦非謂佞媚苟親也，固莫若專心正色。禮義居絜，耳無塗聽，目無邪視，出無冶容，入無廢飾，無聚會群輩，無看視門户，則謂專心正色矣。

【箋注】

言欲得夫之心，非恃巧佞媚悦苟取歡愛也，必專一其心，端正其色。專心者以禮爲居守，以義爲提絜，罔敢或悖。非禮勿聽，非禮勿視，是謂專心。出則無妖冶艷媚之姿容，入不以暗室而弛廢其儀飾。不聚女伴以嬉游，不在户内而窺門外，是謂正色也。

胡按，"絜"，中華本、集解本同。"塗"，中華本同，集解本作"淫"。"目無"，中華本同，集解本作"目不"，揆之上下文例，當誤。"則謂"，中華本、集解本並作"此則謂"。

若夫動靜輕脱，視聽陝輸，入則亂髮壞形，出則窈窕作態，説所不當道，觀所不當視，此謂不能專心正色矣。

【箋注】

陝與閃同，閃爍不定之貌。動靜輕脱，行動無常也。視聽閃輸，心志不定也。亂髮毁容，入則廢飾也。窈窕作態，出則冶容也。説不當説，言非禮義也。觀不當視，非禮亂視也。此之謂不能專心正色，不得意於夫也。

胡按，李賢注曰：窈窕，妖冶之貌也。

曲從第六

【箋注】

此章明事舅姑之道。若舅姑言是，而婦順從之正也。惟舅姑使令以非道，而婦亦順從之，是謂曲從。惟曲從乃可謂之孝。大舜、閔騫，皆不得意於父母而曲從者也。

夫"得意一人，是謂永畢；失意一人，是謂永訖"，欲人定志專心之言也。舅姑之心，豈當可失哉？

【箋注】

此承上章而言。婦不失意於其夫，則永諧而畢終矣。此蓋爲夫而言也。若夫之上，則有舅姑，又可以失意而無咎乎？

物有以恩自離者，亦有以義自破者也。

【箋注】

言世固有專恩於一人，而人或惡之，不能自保其恩；執義於一己，而人或亂之，不能自守其義。如婦之不得於舅姑是也。

夫雖云愛，舅姑云非，此所謂以義自破者也。

【箋注】

夫雖甚愛其妻，而舅姑不愛，則離恩而破義矣。

然則舅姑之心奈何？故莫尚于曲從矣。姑云不爾而是，固宜從令；姑云是爾而非，猶宜順命。勿得違戾是非，爭分曲直。此則所謂曲從矣。

【箋注】

不，音否。欲得舅姑之心，則莫尚于從舅姑之命。如姑所云本非是，而婦云是，亦當從姑之言。若姑行事本非而言是，婦明知其非，亦當從姑之令而行之。勿得與姑明是非而爭曲直，是謂曲從。則無不得舅姑之意也。

胡按，中華本、集解本“尚于”並作“尚於”。李賢注曰：不爾，猶不然也。

故《女憲》曰：“婦如影響，焉不可賞。”

【箋注】

言婦之順從舅姑，若影之隨形，響之應聲，焉有不得其意而不蒙其賞者乎？

胡按，李賢注曰：影響，言順從也。

和叔妹第七

【箋注】

叔妹，夫之弟妹也。不言伯姊者，伯必受室，姊必適人。叔妹幼小，常在舅姑之側，猶當和睦，以得其歡心，然後不失意於舅姑也。

婦人之得意於夫主，由舅姑之愛己也。舅姑之愛己，由

21

叔妹之譽己也。由此言之，我之臧否毀譽，一由叔妹；叔妹之心，不可失也。

【箋注】

爲婦者，不敢失禮於叔妹，然後得舅姑之愛。得舅姑之愛，然後得意於夫。則是婦之賢否毀譽，皆由於叔妹，不可不得其心，而失敬於彼哉！

胡按，中華本、集解本"不可"並作"復不可"。

人皆莫知叔妹之不可失，而不能和之以求親，其蔽也哉！

【箋注】

言人皆不知叔妹不可失，而往往得罪於舅姑。

胡按，中華本、集解本"皆"前少"人"字，當補。

自非聖人，鮮能無過。故顏子貴於能改，仲尼嘉其不貳，而況於婦人者也！

【箋注】

言人皆不能無過。顏子大賢，但有過即改，故聖人嘉其不二過。而況婦人，豈能無過乎？

胡按，中華本、集解本"況於"作"況"。

雖以賢女之行，聰哲之性，其能備乎！

【箋注】

行，去聲。言雖賢明聰哲之女，亦不能備諸衆善而無過也。

故室人和則謗掩，内外離則過揚。此必然之勢也。《易》曰：“二人同心，其利斷金。同心之言，其臭如蘭。”此之謂也。

【箋注】

言同室之人相和，雖有過必掩其謗。内外離間，雖無過必揚其惡。故同心共事，則有斷金之利。同心相告，則有如蘭之馨。大《易》之言，豈欺於我哉！

胡按，中華本、集解本“故”作“是故”，“過”作“惡”，“勢”作“埶”，字通。李賢注曰：金，物之堅者。若二人同心，則其利可以斷之。二人既同心，其芳馨如蘭也。古人通謂氣爲臭也。

夫叔妹者，體敵而分尊，恩疏而義親。若淑媛謙順之人，則能依義以篤好，崇恩以結授，使徽美顯彰，而瑕過隱塞，舅姑矜善，而夫主嘉美，聲譽耀於邑鄰，休光延於父母。

【箋注】

叔妹班與己同，而稱之爲叔爲姑，故體敵而分尊。與己異姓，而爲夫之同氣，故恩疏而義親。賢淑之女，自能推夫主之義、舅姑之恩，以篤和好而結助授。叔妹既和，則徽懿美善日益彰顯，瑕玷過失相爲隱蔽，而得舅姑夫主之歡心。賢聲美与揚於里邑，盛德光輝榮於父母矣。

胡按，中華本、集解本“叔妹”作“嫂妹”，考之下文“然則求叔妹之心”，則作“叔妹”是。又“分尊”作“尊”，“淑媛”作“淑嬡”“結授”作“結援”。作“淑嬡”“結援”是，當據改正。又按，箋注“与揚”似當作“譽揚”。李賢注曰：淑，善也。美女曰嬡也。

若夫愚惷之人，於叔則托名以自高，於妹則因寵以驕盈。驕盈既施，何和之有！恩義既乖，何譽之臻！

【箋注】

惷，與蠢同。臻，至也。言愚惷之人，於叔則自恃兄寵之嫂，而有矜高尊大之心。於妹則自恃爲助於夫，而有驕盈傲慢之色。驕盈既著，則自不能和，不和而恩義乖離，又何譽之臻也！

胡按，中華本、集解本"愚惷"作"惷愚"，"於妹"作"於嫂"，誤。

是以美隱而過宣，姑忿而夫慍，毀訾布於中外，恥辱集於厥身，進增父母之羞，退益君子之累。斯乃榮辱之本，而顯否之基也。可不慎歟！

【箋注】

如是，則美善日隱，過咎日宣。舅姑忿恨，而夫主慍怒。謗毀訾詈，揚於中外；羞恥詬辱，加於本身。其爲父母貽羞，夫主玷累，匪淺矣。是故和叔妹者，乃己身光榮揚顯之根本，不和者反是。可不慎哉！

胡按，"慎歟"，中華本、集解本作"慎哉"。李賢注曰：君子謂夫也。《詩》曰："未見君子，憂心忡忡。"

然則求叔妹之心，固莫尚於謙順矣。謙則德之柄，順則婦之行。知斯二者，足以和矣。《詩》曰："在彼無惡，在此無射。"此之謂也。

【箋注】

行、惡，皆去聲。射，音妬。言惟謙恭遜順，可以和叔妹之心。謙爲人德之本，順乃婦人之行。二者不失，自能和合於叔妹，不失於舅姑夫主矣。射，與妬同。大家引《詩》以明之，曰：人能在彼無厭惡之心，在此無妬忌之害，則何所往而美善不著，名譽不彰哉！

　　胡按，中華本、集解本"知斯"作"凡斯"，"此之"作"其斯之"。集解本作"在此無惡，在彼無射"。李賢注曰：《韓詩·周頌》之言也。射，厭也。射，音亦。《毛詩》"射"作"斁"也。

忠經集校

整理説明

　　《忠經》一卷，舊題東漢馬融（79—166）撰、鄭玄（127—200）注。馬融，《後漢書》卷六〇有傳；鄭玄，《後漢書》卷三五有傳。由於《忠經》的撰作和注解，不見載於《後漢書》，《隋書·經籍志》《舊唐書·經籍志》《新唐書·藝文志》亦未有著録，故此歷代學者信疑參半。明末張溥是較早否定《忠經》爲馬融所撰的學者（《漢魏六朝百三家集·馬季長集題詞》），此後清人朱彝尊《經義考》、姚際恒《古今僞書考》皆以《忠經》爲僞書。

　　《四庫全書總目》指出“其文擬《孝經》爲十八章，經與注如出一手”，且“《隋志》《唐志》皆不著録，《崇文總目》始列其名”，認定《忠經》“爲宋代僞書”。又提出“《玉海》引宋《兩朝志》載有海鵬《忠經》，然則此書本有撰人，原非贋造，後人詐題馬、鄭掩其本名，轉使真本變僞”。另一方面，清代學者亦開始以《忠經》的文本爲例，説明其爲僞書。惠棟《古今尚書考》云：“其書間引梅氏《古文》。案，馬季長東漢人，安知晋以後書，此皆不知而妄作者。"丁晏承其説，指出《忠經》中避唐太宗諱（改"民"作"人"）、高宗諱（改"治"作"理"）的現象（《尚書餘論》《論語孔注證僞》），又結合《忠經序》"臣融巖野之臣"一語，認爲《忠經》的著者應是《崇文總目》五行類著録有《絳囊經》一卷的"唐居士馬融"。

近人余嘉錫在前人的基礎上，先指出丁晏所據《崇文總目》是清人錢東垣等的輯釋本，以《絳囊經》爲"馬融撰"屬於錢氏所補，並非原文。再據《新唐志》《通志·藝文志》《宋史·藝文志》皆著録有唐居士馬雄《絳囊經》一卷，有力地否定了丁氏以爲《忠經》出於"唐居士馬融"的説法，重申"《提要》謂今書即海鵬撰者"（《四庫提要辨證》）之説。

北宋王堯臣等人所編的《崇文總目》著録有"《忠經》一卷"，但未言明著者。南宋王應麟《玉海》引《中興館閣書目》儒家類亦有"《忠經》一卷"，題爲："馬融撰，鄭玄注。"注云："融述《孝經》之意，作《忠經》，陳事君之要道，始於《立德》，終於《成功》，凡十八章。"南宋孫奕《履齋示兒編》云："與配《孝經》者，又有馬融之《忠經》。"尤袤《遂初堂書目》著録有"馬融《忠經》"，《宋史·藝文志》儒家類亦著録有"馬融《忠經》一卷"。可見宋時已有題爲馬融《忠經》之書，並且廣爲流傳。同時，《玉海》自注引《兩朝志》有"海鵬《忠經》"；《宋志》儒家類著録有"王向《忠經》三卷",小説家類亦有"海鵬《忠經》一卷"。由此説明,宋時題爲《忠經》之書,至少有三種,且内容應各自不同。因此,今所見的《忠經》,顯然並非海鵬所著。唐人陳子昂在《堂弟孜墓誌銘並序》中提到"堯、舜之典,忠、孝之經,昭示後代,以安爾形"。陳孜去世"時年三十五,是歲龍集癸巳,有周天授二年七月"。天授二年即公元691年,是大周皇帝武則天第四次改元的第二年,可見當時已經出現了《忠經》一書(參見舒大剛《擬聖仿經:唐代模仿〈孝經〉之作概觀》一文),所以該書或出於高宗至武周時人之手,至於著者已不可考矣。

《忠經》是一部模擬《孝經》之作,其不僅與《孝經》皆爲十八章,且在體例、章節上都十分相似。如兩書章名多有近似;又如,與《孝經》的"五孝"相應,《忠經》也有"五等之忠"。在行文方面,《忠經》也極力模仿《孝經》。以第一章爲例,《孝經》云"夫孝,始於事親,中於事君,終於立身";《忠經》則謂"夫忠,興於身,著於家,成於國,其行一焉",兩書皆分三個層次來論述。又如,《孝經》多引《詩》《書》,《忠經》亦多引《詩》《書》作結。

至於思想内容方面,《忠經》的論述則更爲廣泛一些。首先,《忠經》對"忠"的内涵和價值進行了提升和界定。《天地神明章》謂"天之所覆,地之所載,人之所履,莫大乎忠",顯然是以"忠"爲天地之間的至理至德。只要奉行

“忠道”，則態度真誠負責、盡心竭力（“一其心”），行事不偏不頗（“中也”），“至公無私”；所以“忠”者，“興於身，著於家，成於國，其行一焉”。因此“忠之爲用，施之於邇，則可以保家邦；施之於遠，則可以極天地”（《辨忠章》）。《忠經》將“忠”發揮貫徹於個人修養、家庭和諧、國家治理、天道踐履各個方面，建構出一套遵循儒家思想的“忠道”觀念。

其次，《忠經》將“忠”作爲評價上至君王、中及群臣、下至庶民的最高準則。《聖君章》謂“聖君之忠”：“上事於天，下事於地，中事於宗廟，以臨於人。則人化之，天下盡忠以奉上也。”具體而言，君王需要“無爲”“不疑”“不貪”“不私”“賤珍”“徹侈”“用實”“崇讓”，以垂范天下。此外，君王還須選賢任能（《盡忠章》），明辨忠奸（《辨忠章》）。群臣則要在以“忠”爲本、上下一體的基礎上，“沉謀潛運，正國安人”（《冢臣章》）。爲官務在明智、公正、清廉（《守宰章》），秉公去私，任賢除惡（《觀風章》），勇於報國（《報國章》），徇身社稷（《百工章》）；還要頌揚君德（《揚聖章》），更加強調臣下需要敢於爭諫（《忠諫章》）。而對所治之民，則要視之如子，愛之如親，教民致富，弘揚教化，使明國法而免於刑（《守宰章》）。至於庶民百姓，《忠經》就只要求遵紀守法，孝敬父母，尊老愛幼，辛勤耕作，完成賦税，以供王職（《兆人章》）而已。

　　最後，因《忠經》擬《孝經》而作，故此忠孝關係是一個不容迴避的問題，《忠經》專門以《保孝行章》來論述。《孝經》云"君子之事上也，進思盡忠"（《事君章》），"君子之事親孝，故忠可移於君"（《廣揚名章》），即是説"孝"對於君主而言則是"忠"。但是《忠經》則謂"故君子行其孝，必先以忠，竭其忠，則福禄至"，提倡忠先於孝、以忠促孝。

　　明清兩代，雖然胡應麟《少室山房筆叢》、周琦《東溪日談録》、王銍《讀書蕞殘》、章學誠《文史通義》、周中孚《鄭堂讀書記》等出於宗經的觀念，批評《忠經》妄擬孔聖經典；但更多人則站在封建道德的立場，爲其辯護，爲之宣揚。《忠經》因受到歷代帝王的再三提倡，所以一再刊刻，廣爲流傳，成爲官箴類的代表著作之一。

　　《忠經》的版本衆多，今存較爲重要的有：南宋末期刻本《忠經篆註》（簡稱"南宋本"），明宣德九年（1434）蘇州府學刻本（簡稱"宣德本"），明嘉靖三十三年（1554）霍氏刻本（簡稱"霍氏本"），明嘉靖乙卯（三十四年，1555）益藩舒城王府刻本（簡稱"益藩本"），明嘉靖中祇洹館刻《小十三經》本（簡稱"小十三經本"），明嘉靖四十五年（1566）令狐鏓刻本（簡稱"令狐鏓本"），明沈津輯《百家類纂》隆慶元年（1567）含山縣儒學刻本（簡稱"百家類纂本"），明隆慶二年（1568）襄國趙孔昭校刊本（簡稱"趙孔昭本"），明嘉靖隆慶間內府重寫《永樂大典》本（簡稱"永樂大典本"），明萬曆中程榮刻《漢魏叢書》本（簡稱"漢魏叢書本"），明萬曆胡文煥編《格致叢書》本（簡稱"格致叢書本"），明陶原良《忠經詳解》崇禎刻本（簡稱"詳解本"），明崇禎中虞山毛氏汲古閣刻《津逮秘書》本（簡稱"津逮秘書本"），明末婁東張氏《漢魏六朝百三家集》本（簡稱"百三家集本"），明雨花齋刻《忠經集注指南大全》本，明劉欽恩藜光堂刻《忠經疏義集注》本（簡稱"集注本"），清順治間李際期宛委山堂刻《說郛》本（簡稱"說郛本"），清嘉慶十年（1805）張海鵬照曠閣刻《學津討原》本（簡稱"學津討原本"）等。

　　由於南宋本、益藩本、宣德本、霍氏本、趙孔昭本等早期刻本皆藏於臺灣"國家圖書館"，大陸學界較少得見；因此，對於《忠經》的版本源流所知有限，今簡述之。《忠經》的版本可分爲"有注本（鄭玄注）"和"無注本"兩大類，上文所述各本中，南宋本、益藩本、百家類纂本、百三家集本、說郛本爲"無注本"，此外皆爲"有注本"。"有注本"中以宣德本爲最早，但明清諸本多出於霍氏本，而津逮秘書本則據小十三經本做了較多的改動（學津討原本同）。"無注本"中的南宋本、益藩本屬於一個系統，百家類纂本、百三家集本、說郛本是從霍氏本系統中某本刪去注文而成，而非出自南宋本或益藩本。

　　過往對《忠經》的整理多爲通俗性成果，缺乏對其文本的校勘以及相關材料的搜集和整理。是次整理《忠經》以宣德本爲底本，校以南宋本、霍氏本、益藩本、小十三經本、令狐鏓本、百家類纂本、永樂大典本、漢魏叢書本、格致叢書本、詳解本、津逮秘書本、百三家集本、集注本等，所有改動皆出校説明，各本的重要異文亦詳備於校記。"附録一"收入各個重要版本的序跋，"附録二"輯集元至清有關《忠經》的真僞考辨和評論文字。從而形成一個此前未有的《忠經》集校本，以供學界參考使用。

忠經序

　　《忠經》者，漢南郡太守季長馬先生之作也。先生才高學博，爲世通儒。蓋以人生兩間，參天地而爲三才者，以其忠與孝也。孝之一字，在孔子與曾參子輿設于問答，詳載一經，分爲十有八章，義備矣。忠則雖雜見于經傳子史之編，第無全書。季長先生生于漢安之世，遠宗孔氏之學，仿擬《孝經》而作《忠經》，辭詳義備，爲一十八章，而門人鄭玄復爲注解。其扶世立教，嘉惠後進何如！惜乎，述作之後，世遠言湮，子弟習讀但知《孝經》之所以爲孝，而不知《忠經》之所以爲忠，深有昧乎前賢作經之旨。陽自早歲先君子授是經，曰："孝者，忠之原；忠者，孝之推。二經宜並行，而不可偏也。"陽謹習讀，蓋亦有年。今既厠職蘇庠，遇春官況侯爲柱石大臣之薦，玉敕金章來守是邦。凡其居官守職，爲國爲民之政，莫非忠孝先之焉，而爲詩曰："報國一心何日盡，思親雙淚幾時乾。"惓惓盡己之誠，與此經若合符然。由是繕寫一本奉爲覽觀，侯忻然以謂有功名教之書，鋟梓廣示來學，仍命校正，以引其端。於戲，先賢之書非後賢之好古無以傳，後賢之學非先賢之垂教無以明。何《忠經》之湮没罕傳，千有餘載，而讀者尠也。況侯以是經爲律身之本，而欲開廣來學，以爲竭忠之助，斯足以見聖朝作養忠，蓋超越往世遠矣！世之學者，從事《孝經》之餘，沉潛《忠經》之旨而擴充之。上焉而事天事君，下焉而顯親保行，使盡己之心莫不止乎至善之地，是經於世豈小補云。宣德甲寅冬十月初吉，會稽韓陽序。

忠　經

漢南郡太守馬融　撰

太司農鄭玄　注

天地神明章第一

　　昔在至理，上下一德，以徵天休，忠之道也。忠之爲道，乃合於天，① 至理之時，君臣同德，則休氣應也。天之所覆，地之所載，人之所履，莫大乎忠。覆載之間，人倫之要。履之則吉，違之則凶，無有大於忠者。忠者，中也，至公無私。不正其心而私於事，② 則與忠反也。③ 天無私，四時行；地無私，萬物生；人無私，大亨貞。四時廣運，天不私德。萬物亨生，地不私力。人能至公，不私

---

　　①　"天"，原作"人"，據霍氏本、令狐鏓本、永樂大典本、漢魏叢書本、詳解本、津逮秘書本、集注本改。

　　②　"事"，霍氏本、令狐鏓本作"己"。

　　③　"不正"至"忠反也"，永樂大典本爲經文。

諸己，何往不可也。① 忠也者，一其心之謂矣。一則爲忠，二則爲僻。爲國之本，何莫由忠。未有舍忠而成於務。忠能固君臣，安社稷，感天地，動神明，而況於人乎？君臣固，其義深也。社稷安，其祚長也。天地感，其誠達也。神明動，其應彰也。忠之爲用，其效如此，言人之易從也。夫忠，興於身，著於家，成於國，其行一焉。身及國家，雖有殊名，其爲忠也，則無異行。是故一於其身，忠之始也；一於其家，忠之中也；一於其國，忠之終也。道行自漸，忠之大焉。身一則百禄至，立身履一，富貴之本。家一則六親和，御家不二，自然和睦。② 國一則萬人理。天下合心，無不從化。《書》云："惟精惟一，允執厥中。"精一守中，忠之義也。

聖君章第二

惟君以聖德，監於萬邦。聖君在上，垂監於下。萬邦在下，觀行於上。自下至上，各有尊也。故王者，上事於天，下事於地，中事於宗廟，以臨於人，王者至重，猶有所尊，況其下乎？則人化之，天下盡忠以奉上也。上行下化，理之自然。文王敬遜，虞、芮遜畔是也。是以兢兢戒慎，日增其明，日增一日，德益明也。禄

---

① "何往"，霍氏本、令狐鏓本作"何所往而"。
② "和"，小十三經本、永樂大典本、漢魏叢書本、格致叢書本、津逮秘書本、集注本作"篤"。

賢官能，式敷大化，惠澤長久，黎民咸懷。非懷不可以居祿，[①] 非貨不可以懷人，[②] 任賢陳化，君之義也。[③] 故得皇猷丕丕，[④] 行於四方，揚於後代，以保社稷，以光祖考，君聖臣賢，化行名播，以光祖考，以嚴配社稷，於無疆者也。蓋聖君之忠也。忠之爲道，無所不通也。《詩》云：“昭事上帝，聿懷多福。”君以明德事天，天以多福與人君也。

冢臣章第三

爲臣事君，忠之本也，本立而化成。[⑤] 雖有周、孔之才，必以忠爲本也。冢臣於君，可謂一體，下行而上信，故能成其忠。股肱動於下，元首隨於上，[⑥] 其義以同，其心不異。[⑦] 夫忠者，豈惟奉君忘身，徇國忘家，正色直辭，臨難死節已矣。此皆忠之常道，固所常行，未盡冢宰之事。在乎沉謀潛運，正國安人，至忠無迹，誠在沉潛。任賢以爲理，端委而自化。官各得人，何事之有？尊其

---

① “懷”，詳解本作“賢”。
② “貨”，霍氏本、小十三經本、令狐鏓本、永樂大典本、漢魏叢書本、詳解本、津逮秘書本、集注本作“化”。
③ “義”，小十三經本、永樂大典本、漢魏叢書本、格致叢書本、津逮秘書本、集注本作“要”。
④ “丕丕”，百三家集本“顯丕”。
⑤ “而”下，南宋本、益藩本、小十三經本、永樂大典本、漢魏叢書本、集注本、津逮秘書本、百三家集本有“後”。
⑥ “隨”，小十三經本、津逮秘書本作“運”。
⑦ “不異”，小十三經本、津逮秘書本作“同”。

君，有天地之大，日月之明，陰陽之和，四時之信。蓋之如天，容之如地，昭之如日月，調之如陰陽，不言而信如四時。若是，君體用盡矣。聖德洋溢，頌聲作焉。樂生於中，和之於外。① 《書》云："元首明哉，股肱良哉，庶事康哉。"君明則臣良，臣良則事康。

百工章第四

有國之建，百工惟才，守位謹常，非忠之道。此乃守常之臣也。② 故君子之事上也，入則獻其謀，公家之利，知無不言。出則行其政，既在其位，職思其憂。居則思其道，益國之道。動則有儀。百事之儀。秉職不回，言事無憚，苟利社稷，則不顧其身。愛己曲從，則爲尸素。上下用成，故昭君德，蓋百工之忠也。君任工能，工奉君政，政成於下，德歸於上。《詩》云："靖共爾位，好是正直。"恭可以成正，直可以獻忠。

守宰章第五

在官惟明，蒞事惟平，立身惟清。官不明，則事多欺。事不平，③ 則怨難彌。身不清，則何以教民？清則無欲，平則不曲，明

---

① "之"，小十三經本、津逮秘書本作"暢"。

② "守常"，小十三經本、津逮秘書本作"背負"。

③ "平"，原作"明"，據小十三經本、永樂大典本、漢魏叢書本、集注本改。

能正俗,① 三者備矣，然後可以理人。獨清則謹己而已，不建於事。獨明則雖察於務，奸賄難任。獨平則徒均於物,② 昧濁無堪。夫理人者，必三備而後可也。君子盡其忠，能以行其政令而不理者，未之聞也。既才且忠，以臨其人，政之理也，固其必然。夫人莫不欲安，君子順而安之，因其情而處之。③ 莫不欲富，君子教而富之。因其利而勸之。篤之以仁義，以固其心，知仁與義，則皆就之。④ 導之以禮樂，以和其氣。君子愛人，小人易使。宣君德，以弘大其化，稱君德以布德，教君化以行化。明國法，以至於無刑。章條申而不犯，刑雖設而當也。⑤ 視君之人，如觀乎子，寒者衣之，飢者食之。則人愛之，如愛其親，民懷其恩，有同骨肉。蓋守宰之忠也。《詩》云：“豈弟君子，民之父母。”父母愛子，情莫過焉。⑥ 官莫謹焉，人誰非子。

兆人章第六

天地泰寧，君之德也。天地設位，秉御有君。非君泰寧，人必蹢躅。君德昭明，則陰陽風雨以和，人賴之而生也。四氣和順，百

---

① “能”，南宋本、益藩本作“則”。
② “均”，小十三經本、津逮秘書本作“公”。
③ “因”，原作“用”，據霍氏本、令狐鏓本改。
④ “之”，小十三經本、津逮秘書本作“善”。
⑤ “刑雖設而當也”，小十三經本、津逮秘書本作“圄圃設而常空”。
⑥ “焉”下，小十三經本、津逮秘書本有“守宰愛人”。

穀用成，是以爲休徵。故人之生，賴成於君也。是故祇承君之法度，行孝悌於其家，服勤稼穡，以供王賦，此兆人之忠也。順化供養，勤勞奉國，是則爲忠。《書》云：“一人元良，萬邦以貞。”一人以大善撫萬國，萬國以忠貞戴一人。

政理章第七

夫化之以德，理之上也，則人日遷善而不知。德化潛運以心，則不知所由而民從善也。施之以政，理之中也，則人不得不爲善。政施有術，昭見於人，人勉而行，欲罷不可。懲之以刑，理之下也，則人畏而不敢爲非也。刑臨以威，知懼無犯，既劣於政，弥蒙於德。① 刑則在省而中，舜流四凶，足清萬國。政則在簡而能，簡則易從，能則人服。德則在博而久。不博則有不及，不久則人心復。② 德者，爲理之本也。任政，非德則薄；任刑，非德則殘。兼德則厚，加德則寬。故君子務於德，修於政，謹於刑。刑不謹而不知嚴，政不修而不知舉，德不務而人不懷也。③ 固其忠，以明

----

① “蒙”，小十三經本、津逮秘書本作“違”。

② “心復”，詳解本、集注本作“悖德”。“復”下，小十三經本、永樂大典本、津逮秘書本有“澆”。

③ “刑不謹”至“不知舉”，永樂大典本、漢魏叢書本、集注本作“刑不謹則知政不修舉”。“刑不謹”至“不懷也”，小十三經本、津逮秘書本作“刑不謹則濫政不修則紊德不務則人不懷也”。

其信，行之匪懈，何不理之人乎？忠信故已，^①恪勤修官，官修政明而人自理，故無不能理之吏，無不可理之人。《詩》云："敷政優優，百禄是遒。"政其人理，禄其宜哉。

武備章第八

王者立武，以威四方，安萬人也。武德主寧靜，非刑於征伐也。淳德布洽，戎夷稟命。統軍之帥，命不可辱，師不可失，^②國之大寄，非易其人。仁以懷之，撫其疾苦，使之咸懷。義以厲之，示其慷慨，使其激勸。禮以訓之，明其節制，使之有序。信以行之，審其遠近，使之必行。賞以勸之，懸其爵賞，使之慕功。刑以嚴之。威其鈇鉞，使之懼罪。行此六者，謂之有利。六者並用，闕則失之，故晉將用師，^③子犯曰"未知信"之類是也。故得師，盡其心，竭其力，致其命。士卒從教，故師得利。是以攻之則克，守之則固，武備之道也。武可以備而不用，不可以用而不備。《詩》云："赳赳武夫，公侯干城。"有其武才，堪其扞禦。^④

---

①　"故"，霍氏本、令狐鏓本作"務"，永樂大典本、詳解本作"在"。
②　"師"，原作"帥"，據霍氏本、令狐鏓本、趙孔昭本改。
③　"師"，原脱，據永樂大典本、漢魏叢書本、詳解本、津逮秘書本、集注本補。
④　"禦"，原脱，據永樂大典本、詳解本、津逮秘書本補。

觀風章第九

惟臣以天子之命，出於四方以觀風。聽不可以不聰，視不可以不明。使臣之行，如君耳目，不聰不明，不勝其任。聰則審於事，明則辨於理。不聰則惑其所聞，不明則蔽其所見。理辨則忠，事審則分。理不辨則其斷偏，事不審則其信惑。君子去其私，正其色，私去則情滅，色正則邪遠。不害理以傷物，求罪爲公，則成刻浮。不憚勢以舉任。舉必以才，不必以勢。惟善是與，惟惡是除。善雖讎必薦，惡雖親必去。以之而陟則有成，君子效能也。以之而出則無怨。① 小人伏罪也。夫如是，則天下敬職，萬邦以寧。官務修政，人始獲安。《詩》云："載馳載驅，周爰諮諏。"勤勞不寧，善斯勸矣。

保孝行章第十

夫惟孝者，必貴於忠。若思孝而忘忠，猶求福而棄天。忠苟不行，所率猶非其道。② 忠不居心，動皆邪僻。是以忠不及之，而失其守，自貽伊罰，求安可乎？匪惟危身，辱及親也。既失於忠，

---

① "出"，霍氏本、令狐�本、百家類纂本作"黜"。
② "其"，小十三經本、永樂大典本、津逮秘書本、集注本無。

又失於孝。故君子行其孝，必先以忠。竭其忠，則福禄至矣。忠則得福，禄則榮親。故得盡愛敬之心，以養其親，施及於人，守忠之道，衆善攸歸。身安親樂，得盡其養。此之謂保孝行也。以忠之故，得保於孝。《詩》云："孝子不匱，永錫爾類。"考叔行孝施於莊公，君子善之，此之謂也。

廣爲國章第十一

明主之爲國也，任於正，去於邪。任正則君子道長，去邪則小人道消。邪則不忠，忠則必正，忠則不邪，正則必忠。有正然後用其能。能而無正則邪，正而有能則忠。是故師保道德，股肱賢良。周爲保，召爲師，元爲股，凱爲肱。內睦以文，外威以武，教莫若文，威莫若武。被服禮樂，堤防政刑。禮樂，德之則，不可違躬。政刑，禮之要，不可破壞。故得大化興行，蠻夷率服，化行文備，① 夷服武偃。人臣和悦，邦國平康。禮樂善而政刑清也。此君能任臣，下忠上信之所致也。臣在忠於君，君在委於臣。《詩》云："濟濟多士，文王以寧。"成厦非一木之才，爲國資庶臣之力。

------

① "備"，小十三經本、永樂大典本、津逮秘書本作"被"。

廣至理章第十二

古者，聖人以天下之耳目爲視聽，用天下之視聽，則無不見聞也。天下之心爲心，順物之情，不任己欲。端旒而自化，居成而不有，斯可謂致理也已矣。默化元運，其理如此。王者思於至理，其遠乎哉？道無遠近，弘之則是。無爲而天下自清，有事則煩。不疑而天下自信，不疑於物，物亦信焉。不私而天下自公。不私於物，物亦公焉。賤珍則人去貪，貪由有珍，珍去貪息。徹侈則人從儉，儉消於侈，侈除儉生。用實則人不僞，見實知僞之惡。崇讓則人不爭。見遜知爭之失。故得人心和平，天下淳質。化行心易，咸服其淳。樂其生，保其壽，氣得天和，咸無夭折。優游聖德，以爲自然之至也。聖德無涯，與天地等。① 《詩》云：“不識不知，順帝之則。”雖迷帝德，不違其則。

揚聖章第十三

君德聖明，忠臣以榮；欣己獲奉斯君。② 君德不足，忠臣以

---

① “與”，原作“由”，據霍氏本、小十三經本、令狐鏓本、永樂大典本、漢魏叢書本、詳解本、津逮秘書本、集注本改。“等”，小十三經本、津逮秘書本作“準”。

② “己”，原作“以”，據小十三經本、永樂大典本、漢魏叢書本、津逮秘書本、集注本改。

辱。耻躬不能爲臣。不足則補之，聖明則揚之，古之道也。補君之闕，揚君之休，古之忠臣則皆然也。是以虞有德，咎繇歌之；文王之道，周公頌之；宣王中興，吉甫誦之。^① 君上行仁覆之道也，臣下有贊詠之義也。故君子，臣於盛明之時，必揚之。盛德流滿天下，傳於後代，其忠矣夫。^② 若君有盛德而臣不揚，使久遠不聞，^③ 則有缺於忠道。

辨忠章第十四

大哉，忠之爲用也。用忠以教，大莫加焉。施之於邇，則可以保家邦；以有閫域。施之於遠，則可以極天地。以無空窮。故明王爲國，必先辨忠。爲國藉之，忠者臣節。不先辨忠，國將安寄？^④ 君子之言，忠而不佞。小人之言，佞而似忠而非，聞之者鮮不惑矣。忠言逆志，必求諸道；佞言順志，必求諸非道。夫忠而能仁，則國德彰；爲君撫愛。忠而能知，則國政舉；忠而能勇，則國難清。爲臣謀忠，爲君果毅。故雖有其能，必由忠而成也。忠而有

---

① “誦”，南宋本、小十三經本、永樂大典本、漢魏叢書本、格致叢書本、詳解本、津逮秘書本、集注本作“詠”。

② “其”，南宋本、小十三經本、津逮秘書本無。

③ “不”，小十三經本、永樂大典本、津逮秘書本作“無”。

④ “不先”至“安寄”，原脫，據小十三經本、永樂大典本、漢魏叢書本、詳解本、集注本補。

能則有功。① 仁而不忠，則私其恩；仁愈多而恩愈深。② 知而不忠，則文其詐；知愈多而詐愈密。勇而不忠，則易其亂。勇愈多而易其亂。是雖有其能，以不忠而敗也。能而無忠則爲敗。此三者，不可不辨也。《書》云"旌別淑慝"，③ 其是謂乎。善惡既別，任使不謬。

忠諫章第十五

忠臣之事君也，莫先於諫。糾過正德，惟能諫之。下能言之，上能聽之，則王道光矣。上能聽下不能言，則虛其聽；下能言而上不能聽，則虛其言。言聽俱能，則君臣諫合，則其道光明也。諫於未形者，上也；先事而止，君違不聞。諫於已彰者，次也；出未及施，改之非後。諫於既行者，下也。行而能改，雖下猶愈。違而不諫，則非忠臣。從君所昏，是乃罪也。夫諫，始於順辭，中於抗議，終於死節，以成君休，以寧社稷。順辭不從，犯顏抗議，抗議不從，則繼之以死。其能使君改過爲美，社稷之安固也。《書》云："木

---

① "忠"，原作"思"，據霍氏本、令狐鏓本、永樂大典本、漢魏叢書本、詳解本、集注本改。
② "深"，原作"密"，據霍氏本、小十三經本、令狐鏓本、永樂大典本、漢魏叢書本、詳解本、津逮秘書本、集注本改。
③ "慝"，小十三經本、百家類纂本、津逮秘書本作"慝"。

從繩則正，后從諫則聖。"繩直可以正木，臣忠可以正主也。①

證應章第十六

惟天監人，善惡必應。爲善則吉，爲惡則凶。善莫大於作忠，百行大善，無忠皆忘。②　惡莫大於不忠。大惡之惡，爲逆者殃。忠則福禄至焉，不忠則刑罰加焉。忠則言播聞，未有不禄；不忠則惡彰兆，③　未有不刑。君子守道，所以長守其休；小人不常，所以自陷其咎。天意本休，君子知而順之。天意無咎，小人求而取之。休咎之徵也，不亦明哉！天監孔明，勿謂茫昧。《書》云："作善降之百祥，作不善降之百殃。"禍福無門，惟人自召。

報國章第十七

爲人臣者官於君，臣之官禄，君實賜之。先後光慶，皆君之德，光格祖考，慶垂子孫。不思報國，豈忠也哉？忠則必報，④　不報

---

① "臣"，原脱，據霍氏本、令狐鏓本、永樂大典本、漢魏叢書本、詳解本、集注本補。

② "忘"，霍氏本、令狐鏓本作"亡"，津逮秘書本作"妄"。

③ "不忠則惡彰兆"，原作"則不忠彰兆"，據霍氏本、小十三經本、令狐鏓本改。

④ "必"，原作"以"，據小十三經本、永樂大典本、漢魏叢書本、津逮秘書本、集注本改。

非忠。君子有無禄而益君，無有禄而已者也。君臨天下，誰不爲臣。食土之毛，皆銜君德。昏衢迷於日月，[①] 君子之懷帝恩，故偃息山林，有能審國，[②] 況荷君禄位而無聞焉。報國之道有四：一曰貢賢，進得其才，君可端拱。二曰獻猷，納當其善，君可依行。三曰立功，功吾其庸，[③] 君可無患。四曰興利。殖致其厚，君可與足。賢者國之幹，幹可以立。猷者國之規，規可以執。功者國之將，將可以禦。利者國之用，用可以給。是皆報國之道，惟其能而行之。各以其能而報於國，道斯廣矣。《詩》云“無言不酬，無德不報”，況忠臣之於國乎。凡人之間，一言一德，猶必報。君臣之義，恩莫重焉，[④] 如何忘也。

盡忠章第十八

天下盡忠，淳化行也。忠有所不盡，[⑤] 則淳化不行。君子盡忠，則盡其心；小人盡忠，則盡其力。君子可以盡謀，小人可以效命。盡力者，則止其身；盡心者，則洪於遠。止身則匹夫之事，洪

---

① “昏衢迷於日月”，小十三經本、津逮秘書本作“黎氓迷於日用”。
② “審”，永樂大典本作“藩”。
③ “吾”，小十三經本、津逮秘書本作“著”。“庸”，漢魏叢書本、集注本作“膚”。
④ “恩莫”，原作“重恩”，據小十三經本、津逮秘書本改。
⑤ “不”，小十三經本、永樂大典本、漢魏叢書本、津逮秘書本、集注本作“未”。

遠則萬物之利。故明王之理也，務在任賢，賢臣盡忠，則君德廣矣。聖無獨理，道無常師。古之明王必求賢明，無不修德，賢臣則無不盡忠。忠則爲君闡揚，君德由廣大之也。政教以之而美，君上立教，臣下所敷。禮樂以之而興，君上制作，臣下所行。刑罰以之而清，君上恤刑，臣下所化。仁惠以之而布。君德既備，人懷始康。① 四海之内，有太平音。樂至而歌，自然之理也。嘉祥既成，告于上下。君臣之始於政，能著於群瑞，故其成功，可以告于神明也。是故播於雅頌，傳於無窮。德施於人，務格於神，而後行於樂，樂行則何極之有哉！

___

① “君德”至“始康”，小十三經本、永樂大典本、津逮秘書本在“太平音”下。

書忠經卷後

　　右《忠經》作於漢南郡太守馬融，釋之者太司農鄭玄也。文則仿《孝經》而爲之，其章一十有八。立論宏深，援引切實，反復簡要，開示臣子立身事君之道盡矣！惜乎，《孝經》獨行於世，而此書罕見焉。今年冬，予友山陰韓君伯陽出其先君子本常先生所藏舊本，請質蘇郡守南昌況公。公閲之，卓然感發，是蓋忠貞之心殆與二公異世而同符者，乃捐俸鋟梓置於諸庠，益廣其傳，則凡天下人臣覽是書者，寧不益知所勵云。宣德九年歲次甲寅冬十二月吉旦，會稽胡季舟謹識。

附録一：序跋

黄震序（南宋本）

前漢南郡太守馬融所撰《忠經》，仿《孝經》，亦有十八章，至漢末大司農鄭玄所注。觀《忠經》而思馬融太守之爲治也，不尚刑威，必拳拳爲以孝弟忠信化其民，民亦樂其化。余亦有慊於爲政，一日至郡庠問諸士友曰："人皆知讀《孝經》矣，及見《忠經》否耶？"皆曰："未之前聞也。"予遊四方，又何幸得未見之書而讀之。馬融爲漢儒宗，足以傳千載者，其用意亦忠矣。予守吉水，彬彬人物之夥，四忠一節聞於天下，百世不泯，亦何可不觀是書哉？俾郡士歐陽峯泉以所得刻本重刊于梓，以惠後學。是書乃在史傳之外，而出於千百年之後，然以其言之善，有益於人心，有裨於世教，後之學者，其修身自忠孝始也。番陽黄震書于浩然堂。

王安國《新刊忠經後序》（南宋本）

余究趙岐題孟子辭，以軻通五經，尤長於《詩》《書》。
況軻聖人也，岐之言於斯失矣。余謂馬融殆其人也。傳有之：
孝子不諛其親，忠臣不諂其君。若夫究所以事君之義，則知
孝者待忠而後成。然則，忠不可以一日忘於國，孝不可一日
廢於家。孝既載之於經，忠亦烏乎而闕哉！孔子之制行著於
《孝經》，而融實體之，於是《忠經》述焉。揚雄準《易》草
《太玄》，亦其類歟！余先子昔嘗與大丞相游，得此經藏之
家，固弥年矣。因示諸同僚，令傳諸學者，警所未知，然後
知融之多識。嗚呼！季世經衰，徇獨見之私而互相非是，是
不諭揚雄所謂折諸聖之旨也，融豈其人？太原王安國序。

陳欽跋（南宋本）

忝當謂忠孝者百行之冠冕，臣子奉君親之大經，二者之
訓宜並行而不可扁廢然。昔夫子爲曾參說《孝經》而不作
《忠經》者，何耶？竊觀其間有曰：始於奉親，中於事君，
又曰事父孝。故忠可移於君，蓋孝子推本而無使學者尋澤，
則知以忠訓人，其事舊矣。然當時群弟子唯曾參至孝，故時
爲作經，亦非有略於忠也。東觀馬融因《孝經》而作《忠

經》，蓋亦求夫子之意而以忠成孝也。故詳説忠道貽訓後人，其用心可謂至孝矣。《孝經》所傳，自唐室詔天下家藏之，後之小夫賤隸、總丱習諸之童悉能誦讀而通曉其義。至於《忠經》，彼老師宿儒以博古自名者，亦罕見其本。余雖武弁，然每觀古今之書，雖單言隻字，有涉於忠孝之訓者，必將終身誦而行之，又況著爲成書，豈敢忽諸？近得《忠經》古本，玩味厥旨，與《孝經》相爲表裏。雖若擬聖而作，然於名教有益者多矣。軍旅之暇，時同僚屬較其訛舛，命工鏤板以廣其訓，庶幾二經並傳而不至於偏廢矣。乾道己丑春王正月上元日，光州觀察使高郵軍駐劄御前武鋒軍都統制兼知高郵軍事兼管内勸農營田屯田事節制山水寨南康郡開國侯食邑一千户陳欽跋。

張革跋 （南宋本）

郡傳舊存此本，其間尚有訛舛處甚多，暇日因爲是正，命工鋟版，以永其傳。嘉定六年季春望日，宣議郎權高郵軍兼管内勸農營田事張革謹識。

《忠經引》（霍氏本）

十二連城子過舅氏，畫崗翁出故篋馬融《忠經》一帙，曰："漢文也，苦非善本。子有志焉，盍圖之。"乃得而環徊祗誦，携之西蜀，因竊嘆曰：父子者，命不可解者也；君臣者，義不可逃者也。虞、夏渺而至道離，《春秋》作而亂人懾，讀《詩》賞錫類之音，廢卷切履迹之憶，忠其闓舒於孝乎！矧心非膏盲可絆，名與岱崧同隆，故如金如石王常之播朗心，而若鸞若鴻房氏之標高義。淑範傳於劉偉，粹訓炤於陽城。忠之不可一日已，也有是哉！融也研本核源，揭一訓忠，該天地君臣上下內外而言之，總於臣道爲詳焉。詞不煩而義炯，論不詭而理精，融其負奧識哉！此鄭玄之所以疏之也。夫漢史謂融俊才博學，美辭貌，典校秘書，爲南郡守。先是逡巡隴、漢，髡徙朔方禁錮之者，累年著述良繁，仍以《忠經》遺世。君子每多之云：乃西第獻頌，終以奢樂黨附，識不能匡欲。蒙譏焉，讀者何可遂廢邪？是故睹昌言則思用，遭英辟則思答。凡有丹石之蘊，尚其應時而發矣，于是出廩餘以繡諸梓。

黃洪毗《重刻忠經序》（霍氏本）

仁義立人之道，忠孝出焉。夫子作《孝經》，廣大悉備，不獨爲子者所服膺，施於父則孝，施於君則忠。緣遇而名生，達於天之不可匱，定保聖謨如化工之妙，萬物非賢人哲匠所可企者。漢南郡守馬季長氏效法義例，爲《忠經》十八篇，

冠以天地神明，而止于盡忠，門人鄭康成注之。十二連城子
與韓會稽所序詳矣。霍侍御思齋公攬轡土中，適至南郡，澄
清之暇，痞痒前言，慨然曰："循良流徽，世遠未替，況言有
足以起予者，淵源所自，庶幾游、夏文學之科乎？雖生於夫
子之後，不得如見，知者負牆趨隅，定是非於一字，然味致
身勿欺之訓，以立臣紀。謂無功於聖門，不可，求善本刻
之。"黃子洪毗食禄分藩，愧無以效忠宣力，因僣爲之説焉。
孟子以能言距楊、墨，爲聖人之徒。楊氏爲我，流於無君，
能辭而闢之，即可與速肖者列，季長此編寧非距楊、墨班乎？
昌黎有云："古書之存者希，百氏雜家尚有可取。"若以漢儒
之文，明彝倫之奧，詞不詭於聖人，賴其言而遺澤益廣，博
古者忍舍耶？夫遇主殊時，立功之途不一，自靖自獻，盡其
心而已。天地之氣，交則泰，不交則否，皆必至之會，揆諸
義莫逃焉。遘昌期而稱良，濟大蹇而抗節，如子事其父，纘
緒幹蠱，養志幾諫，逆順迭遷，惟其所命，何嘗矯拂歆羨其
間哉！呂文信訓爲臣，嘗曰："細之安必待大，大之安必待
小。細大賤貴交相爲贊，然後各得其所樂。"夫量度細大，以
圖其安樂，是岐而二之也，雖勝於燕雀之智，固間於天性之
親矣。思齋二經並傳，正謂忠孝一理，遠邇出入吾心，不可
頃刻忘。求觀孔子之道而未易入室，則由季長以希聖可也。
漢至陽嘉火德將熄，有冒上而無忠，下視魯定、哀時尤甚焉。
融之惕中憤世，寧無慨歟！觀風首務在淑慝，旌別以動天下，

借使季長並世相，值理南陽之政，能立言垂訓，則美愛而傳，自不容蔽，苟恊于道，雖千載之善，吾得而揚之，況今茲乎？乃知思齋之旨益深也。嘉靖甲寅秋季，後學黃洪毗撰。

徐霈《忠經序》（霍氏本）

夫子著《孝經》十八章，其言簡而盡，肆而隱，孝道蔑以加矣。漢馬融以天地之大德曰生，聖人之大寶曰位。由生所以盡孝，由位所以盡忠，二者猶車輪然，缺一不可。今孝備矣，而忠若缺焉，其可乎？於是作《忠經》十八章以續之，猶束晢補《南陔》《白華》之意也。是書也，逸於《漢·藝文》中，幾千年矣，未有能述之者。惟思齋霍公邃於稽古，乃於代巡暇日，取其書附於《孝經》後，并古小學，合爲三編，以惠多士，其用意勤矣。或曰：聖人之言猶天然，故六經道在萬世，文中子強而續之，是以有吳、楚僭王之譏，融之作毋乃類是矣乎？余曰：不然。君子評物不惟其人惟其言，若融之言可盡訾乎？今夫忠孝一道也，世未有孝而不忠者，但孝之事易見，而忠之理難明。何也？邇之事父，遠之事君，其分殊也。惟邇則切切則感，惟遠則離離則忘，履霜之變，亟矣。不曰：吾親也，其可逃乎，若《狡童》之刺，幾乎罵矣，非人情之反也。孝則中人可勉，忠則上智猶或懵焉，則《忠經》之續，其可已乎。矧時當陽嘉嬖幸擅權，忠賢倒置，下替其德，上乂其奸，瘝官敗績者，將尋列焉。《忠經》之作，時當然也，又可詬耶。蘇子曰：“君子處世不求有功，不得已而功成，天下以爲賢；不求有言，不得已而言，天下以爲口實。”《忠經》之作，不得已而言者也，王氏續經幾乎噴矣。可已而不已者也，子比而同之，過矣。且其所著十有八章，自冢臣以至兆庶，君臣致理之具，天下證應之理，靡所不該，若有不可廢者，此固思齋公表章之意也，其功不亦大乎！於是聞者以余爲知言，遂從而梓之。賜進士出身中憲大夫河南按察司副使奉勅提督學校前吏科左給事中浙江東溪徐霈書。

朱睦㮮《□忠經序》（霍氏本）

《忠經》者，漢南郡太守扶風馬融之著也。門人大司農北海鄭玄爲之注，凡十有八章。舊刻於吳中，歲久鏤板寖缺，侍御思齋霍公來按中州，得是編而悅之，曰：“子臣嚴敬之義一也。”於是正其訛舛而付梓焉，與《孝經》偕行於世。睦㮮受而讀之，既卒業，乃驪括其旨而爲之序。曰：夫忠之爲道大矣。興於身，著於家，成於國，格於上下，故首之以《神明》。主德既建，臣義斯彰，惟影響，故次之以《聖君》。股肱惟良，庶事乃康，故次之以《冢臣》。惟民近而化，易施也，故次之以《守宰》。化既行而人思孝悌力田，以供王賦，故次之以《兆民》。庶務紎紛，非道不可以治，故次之以《政理》。治不忘亂，雖聖王必先事而預防也，故次之以《武備》。使於四方，察其淑慝，以樹教化，故次之以《觀風》。君子臨政，惴惴小心，惟恐辱及其親，故次之以《保孝》。精誠既孚，委任不貳，故次之以《廣爲國》。順物之情，端居自化，使人樂其生，保其壽，故次之以《廣至理》。君有盛德而臣不彰，則闕於忠道，故次之以《揚聖》。讜言逆志必求諸道，諛言順志必求諸非道，故次之以《辨忠》。欲成君休，莫要於陳善納誨，故次之以《忠諫》。惠迪則祥，從逆則殃，故次之以《證應》。先後光慶，君之德也，可不思酬乎，故次之以《報國》。上下交修而治，功成嘉祥至，告於神明，王道之至也，故次之以《盡忠》。卒焉，睦撣曰：余初讀融傳，稱其逡巡隴、漢，髡徙朔方。余竊悲其生之不辰也，及覽《忠經》，其詞渾渾噩噩，不詭於聖人之旨，使後之誠臣顯士遵之，以爲法程，其道未爲不遇，季長亦可以少慰矣夫。嘉靖甲寅冬十一月朔日。

朱慎庵《篆忠經序》（益藩本）

《忠經》何爲而作也？漢南郡太守馬融氏上仿《孝經》而作也。《孝經》傳於孔、曾，授受之懿然。一孝立而萬善從，移於君則忠，移於長則順，隨其所值，舉而措之易易耳。

復有《忠經》之贅，厥義何居？蓋所以淬礪中人，以植其勁節也。夫上智之生也不數，中材之在天下也寔繁，上智一慮而百通，中材因觸而後悟，是《孝經》雖炳如日星而《忠經》不容不繼作也。《記》曰："惟仁人惟能饗帝，惟孝子惟能饗親。"馬融氏其善體《記》禮者之意，而以仁人孝子望諸人人矣乎！夫帝尊而弗親，親親而弗尊，惟其尊而弗親，孝以親之，惟其親而弗尊，忠以尊之。以事親之心事乎帝，孝即忠也，故曰事天如事親；以事帝之心而事親，忠即孝也，故曰事親如事天，仁人、孝子其至矣乎！宋和靖尹氏曰："人君其尊如天，不可不敬。"然天雖遠也，有道以格之誠而已矣。君雖尊也，有機以感之，亦誠而已矣。蓋誠也者，天之理也，人之心也。人臣之事其君也，不惟其貌，惟其誠；不惟其分，惟其德。是故責難非所以爲恭，而致恭於未言之先；陳善非所以爲敬，而致敬於未陳之先。有所告詔，非所以爲忠而盡慎，竭誠於未告未詔之先，真有若"上帝臨汝，無貳汝心"。登對感格之誠，凜如也。吾之心既足以感動乎君心，而君之心亦將以其誠與吾而相應，未言而志已孚，既言而誠愈篤。不惟豫吾之言，而且鑒吾之心；不惟諒吾之志，而且行吾之道。雖唐、虞上下交泰而協和，風動之烈至于配天，難名亦不過由此。忠而克拓之也，使徒勢分以爲尊，奔走以爲敬，具臣焉耳，烏足以語大忠之誼哉！彼《孝經》之傳已盛，而《忠經》世或鮮覯，馬氏之心不幾於澌泯哉？予近於書篋中得李城氏《忠經》刻本，讀而愛之，敬仿古篆書鋟梓，偕《孝經》並行，以廣其傳，俾天下後世讀者，興起以爲事君事親之一助云爾。嘉靖乙卯十月既望，大明高皇帝八世孫益藩舒城王永仁道人製。

沈津《忠經題辭》（百家類纂本）

漢南郡太守馬融撰。按，融此書擬孔子《孝經》而作也。夫忠孝本之天性，原無二道，故曰孝者所以事君，傳曰求忠臣必於孝子之門，一孝立而百善從之矣。是書不爲贅乎？今錄之者，其人則非，其言則有可取，固不得因其人而廢之也。史議其“奢樂恣性，黨附成讒”，謂識不能匡欲。天台方遜志氏曰：“馬融以通經術稱名儒，既事梁冀，復爲作章奏請誅李固，節義喪敗，蓋心在於利祿也。然卒不免冀手，未幾被髡徙朔方，二者無一得而徒取惡聲，豈不足以爲患失者之戒乎！”其人若此，忠於何有，故君子貴聞道，徒言非所尚爾。

玉泉山人《刻忠經後言》（趙孔昭本）

《忠經》漢馬融季長所著，歷今千有餘歲。其篇章模《孝經》，其辭則融所自爲，忠之道殆斤斤焉在矣。夫融之著也，固將與《孝經》竝也，今歷千餘歲傳者寡焉。説者謂融行弗及言，故弗愛。又曰：經者，後之人名聖人之書也，融以之自名，僭甚矣，無取焉。竊聞之，取人者不備，修己者備。孔子曰"君子不以人廢言"，余於融誠有取於言也。學者能讀融之言而踐之，又稽融之行而反之，皆所以廣忠也，是故刻之。隆慶二年春三月吉，玉泉山人識。

令狐鏓《書孝忠二經後》（令狐鏓本）

余觀立人之道，曰仁與義。由仁以主孝，由義以生忠，緣遇異名，均之吾心不可頃刻忘者。夫子作《孝經》十有八章，言□意盡，其廣大悉備矣乎，所以教天下爲人子者，意獨至矣。漢馬季長氏效法義例，作《忠經》十八章以續之詞，不□于聖人之旨，烏可不竝傳于世乎！余治朝邑，慨民風弗古，思□□孝，訓迪蒙士本固有之心，啓養正之端。由《孝經》以教愛，則民作睦；由《忠經》以教敬，則民□順，取于身，著于家，成于國，達于天下，無往而不善矣。遂捐廩鋟梓，以惠後學，庶乎化民成俗之一助云。嘉靖丙寅秋，知朝邑縣事琢軒令狐鏓書。

馬融《忠經序》（漢魏叢書本）

　　《忠經》者，盖出於《孝經》也。仲尼説孝者所以事君之義，則知孝者俟忠而成之，所以答君親之恩，明臣子之分。忠不可廢於國，孝不可以弛於家。孝既有經，忠則猶闕，故述仲尼之説作《忠經》焉。今皇上含庖、軒之姿，韞勛華之德，弼賢俾能，無遠不舉。忠之與孝，天下攸同。臣融巖野之臣，性則愚朴，沐浴德澤，其可默乎。作爲此經，庶少裨補。雖則辭理薄陋，不足以稱焉。忠之所存，存於勸善，勸善之大，何以加於忠孝者哉！夫定高卑以章目，引《詩》《書》以明綱，吾師於古，曷敢徒然？其或異同者，變易之宜也。或對之以象其意，或遷之以就其類，或損之以簡其文，或益之以備其事。以忠應孝，亦著爲十有八章，所以洪其至公，勉其至誠。信本爲政之大體，陳事君之要道。始於立德，終於成功，此《忠經》之義也。謹序。後漢南郡太守馬融撰。

顧玄緯《忠經後序》（漢魏叢書本）

　　予觀漢《忠經》作自扶風馬融，爲其學徒北海鄭玄所注。按，融通博名儁，三入東觀，撰述最富，維此編命義爾雅，烏容無傳？但史言融著《春秋三傳異同》，及《孝經》

《論語》《詩》《易》。三傳悉注之時，玄受業融所，其論著亦有《易》《書》《詩》《禮》《大傳》《論語》《孝經》諸家。其稱《忠經》，本傳咸無聞焉，豈二人不能自信，隱而未衒？顧曄在曾未奏入秘中，厥後乃出，副在而傳歟？史又言融任達，羞曲節，奢恣成黨。意者以人廢言，虛辭濫說，所弗采邪？抑豈二人嘗注《孝經》，而言是經者，輒傯之邪？今《秘閣書目》子雜載馬融《忠經》一冊，楊文貞公署其尾謂："蜀有板，淂之德讓子。"玩其大指，類東京語，魏晉以下無及焉。豈漢儒以詁釋頊門，世誰可企邪？予又考之《隋》《唐》《經籍》二志，竝不書列其目，惟林少穎《群經辨》云馬融作。《示兒編》云："配《孝經》，有融《忠經》。"其《崇文總目》泊《藝文略》云：《儒門誡節忠經》三卷，又《忠經》一卷，稱海鵬撰，失其姓名。而馬貴與亦因之。豈融之後，別有他所著者乎？覿方内藏書家兼而鍥之，茲非故府倖事耶？壬戌首夏，羅浮外史顧玄緯題。

張溥《馬季長集題詞》（百三家集本）

漢世通儒，並推季長，盧涿郡、鄭北海咸出其門。家世貴戚，居養豐澤，即坐高堂，施絳帳，著書授生徒以老，亦足以傳，何汲汲榮仕也？《廣成》一頌，雕鏤萬物，名雖諷諫鄧氏，意在炫才感衆，寧知適逢彼怒乎？《東巡頌》質古簡言，似季長韜光之作，安帝見而奇之，召拜爲郎中。文之遇不遇，豈人意所及哉！西羌反叛，馬賢、胡疇留兵不進，季長懷河上之憂，上書求效，又陳星孛參、畢，戎狄將起，觀其撫時奮發，誠恥儒冠同腐草木。乃心懲鄧氏，恐怖梁冀，既頌將軍《西第》，又誣奏李太尉於死，代人匠斲，點染名賢，斯文墜地，百身莫贖矣！季長注《孝經》云"忠猶有闕，述仲尼之說而作《忠經》"。其文常人耳，及讀本傳，並未云季長作《忠經》，然則《忠經》果馬氏之書歟？予不敢信也。范史譏融慮深垂堂，不及胥靡。予亦哀其儒者風流，自隕漢陽之節，重負南山摯季直矣。婁東張溥題。

陶原良《忠經詳解序》（詳解本）

人生天地間，莫先於忠與孝也，而所記則有經焉。蓋《孝經》者，出於春秋之世，乃孔子、曾子問答之書。雖詳悉於孝，而忠實在其中矣。《忠經》者，出於後漢之世，乃馬融所作，對《孝經》而言，其徒鄭玄注之。雖詳悉於忠，而孝實在其中矣。兩經之傳世既久，但舊刊殘缺，字畫模糊，有不便於觀閱。愚性庸鄙，其於是經，雖未能而願學焉。既聞於昔之師，又辨於今之友，又訪諸名家所藏舊本，詳審校正，合二經而爲一書。又考諸史所載，摘取古人之能盡忠孝者，圖畫於卷首。欲人之開卷觸目，想像思齊，宛然如見其人，是一勺水之助江河也。知道者，必有亮於斯焉。

王謨《忠經跋》（增訂漢魏叢書本）

右馬融《忠經》一卷，自《隋》《唐志》及《文獻通考》皆不載。《玉海》始於《孝經》後附漢《忠經》，引《崇文書目》云："儒家有馬融《忠經》，鄭玄注。融述《孝經》之意作《忠經》，陳事君之要道，始於立德，終於成功，凡十八章。"《經義考》云："此必僞托扶風馬氏者。"《通志·藝文略》諸子家載有《忠經》，既云海鵬撰，下又云失其名氏，亦不言馬融作也。融既以爲梁冀草奏李固，爲直正所羞，而其所著書二十一篇皆行於世，則於此書真贗可不深考，而遂欲與《孝經》及《朱子小學》並列於學官則過矣。汝上王謨識。

附録二：考評

　　王禮《麟原集》卷一〇《跋馬融〈忠經〉後》云：右《忠經》十八章，東觀馬融所製，以配《孝經》者也。夫孝之與忠，人之大閑而百行之原也。違斯二者，何以靈萬物而立兩間哉！昔者孔聖以曾參盡孝，因言其道，遂爲經，而忠則未之及。然有曰"事父孝，故忠可移于君"，是則君親之分殊，故忠孝之名異，而義則一也。融始擬聖而作此，亦有益于名教。使人人得其説而遵之，施于有政，豈不大有可觀！余既得朱文公及吳文正公所刊定《孝經》鋟梓，今又得此文，雖未敢便列之經，然亦托工人以壽其傳。誠欲學者玩繹二書之旨，庶幾處而爲孝子，出而爲忠臣，則于國家化民成俗之意，豈不深有所助發云？

　　周琦《東溪日談録》卷一二《朱子定本孝經》云：孝是人之出門第一件事，《孝經》當與《忠經》相對，但《忠經》無立言至理，且非聖賢之言，故不足伍耳。

　　胡應麟《少室山房筆叢》卷三《經籍會通三》云：擬《孝經》者，馬融《忠經》、徐浩《廣孝經》、張士儒《演孝經》。兵書往往有擬六經者，郭良輔有《武孝經》，員半千有《臨戎孝經》，無名氏有《兵春秋》《兵家論語》，農家又有賈充道《大農孝經》，又劉炫《酒孝經》，皆瀆褻聖典，可罪也！

王鉽《讀書蕞殘》卷上《讀〈忠經〉》云：馬融經學通儒，盧植、鄭玄皆嘗北面。其所作《忠經》，僭擬先聖《孝經》之旨，識者固已疑其不倫。既乃依附權貴，點染名賢，半生決裂，經術掃地，烏睹所謂善莫大於作忠者乎？文人無實，于斯爲甚矣。史氏追原本始，則特以識不能匡正爲言，固知嚴義利、分舜跖，非子輿之迂論矣。

朱彝尊《經義考》卷二七九《擬經十二》云：馬氏（融）《忠經》一卷，存。按，《忠經》蓋擬《孝經》而作，考之《隋》《唐》《經籍》《藝文志》，俱不載，恐是僞托扶風馬氏者。

姚際恒《古今僞書考》云：《忠經》，托名馬融作，其僞無疑。張溥集漢魏六朝文集，列於融集中，何也？

惠棟《古文尚書考》卷上云：今世所傳馬融《忠經》一卷，《宋·藝文志》著於錄，其書間引梅氏《古文》。案馬季長東漢人，安知晉以後書，此皆不知而妄作者？

《四庫全書總目·儒家類存目一》云：《忠經》一卷（江蘇巡撫採進本）。舊本題漢馬融撰，鄭玄注。其文擬《孝經》爲十八章，經與注如出一手。考融所述作，具載《後漢書》

本傳。玄所訓釋載於《鄭志》，目録尤詳。《孝經註》依托於玄，劉知幾尚設十二驗以辨之，其文具載《唐會要》，烏有所謂《忠經註》哉？《隋志》《唐志》皆不著録，《崇文總目》始列其名，其爲宋代僞書，殆無疑義。《玉海》引宋《兩朝志》載有海鵬《忠經》，然則此書本有撰人，原非贋造，後人詐題馬、鄭掩其本名，轉使真本變僞耳。

錢大昕《廿二史考異》卷七三《宋史七》云：馬融《忠經》一卷。《隋》《唐志》俱無此書，蓋宋人僞托。

章學誠《文史通義·內篇·經解下》云：至《孝經》，雖名爲經，其實傳也。儒者重夫子之遺言，則附之經部矣。馬融誠有志於勸忠，自以馬氏之説，援經徵傳，縱橫反復，極其言之所至可也。必標《忠經》，亦已異矣。乃至分章十八，引《風》綴《雅》，一一效之，何殊張載之《擬四愁》，《七林》之仿《七發》哉！誠哉非馬氏之書，俗儒所依托也。宋氏之《女孝經》，鄭氏之《女論語》，以謂女子有才，嘉尚其志可也。但彼如欲明女教，自以其意立説可矣。假設班氏、惠姬與諸女相問答，則是將以書爲訓典，而先自托於子虛、亡是之流，使人何所適從？彼意取其似經傳耳，夫經豈可似哉？經求其似，則諢騙有卦（見《輟耕録》），轄始收聲，有《月令》矣（皆諧謔事）。

周中孚《鄭堂讀書記》卷三六云：《忠經》一卷（津逮秘書本）。舊題漢馬融撰，鄭康成注，（融，字季長，茂陵人。永初間，拜校書郎。桓帝時，爲南郡太守。）《四庫全書存目》《隋志》《新》《舊唐志》俱不載，《崇文目》（小説類）、《宋志》始載之。正文與注如出一手，如王肅僞撰《家語》及注者然。考宋《兩朝志》載有海（鵬）《忠經》（見《玉海》引），然則即（鵬）所撰，當屬仁宗、英宗時人也。此則刊本之作僞，非撰書者之僞矣。《經義考·擬經門》止載僞托本，而忘卻海氏真本，蓋其疏也。其書擬《孝經》而作，亦分十八章，各章皆引《詩》《書》，而十三、十八兩章不引，亦擬《孝經》體，惟不作問答之詞，尚未爲酷肖耳。然《孝經》中已兼言忠，務必別爲擬撰，豈非誤用其心思乎！惟《學津討原》依此本刊入，《說郛》《漢魏叢書》所收俱無注。《百三名家集》竟全載入《季長集》中，可發一笑。

丁晏《論語孔注證僞》卷下云：惠氏《古今尚書攷》云："今世所傳馬融《忠經》一卷，《宋·藝文志》著於錄，其書間引梅氏《古文》。案馬季長東漢人，安知晉以後書，此皆不知而妄作者？"余考《忠經》，《隋》《唐志》皆不著錄，宋時始出，內引東晉《古文》凡五：《天地神明章》引《書》"惟精惟一，允執厥中"；《兆人章》引《書》"一人元良，萬邦以貞"；《辨忠章》引《書》"旌別淑慝"；《忠諫章》引《書》"木從繩則正，后從諫則聖"；《證應章》引《書》"作善降之百祥，作不善降之百殃"。皆僞《古文書》，必非季長所撰。錢辛楣《宋史考異》謂"宋人僞托"。晏謂此書亦非僞托，當別一馬融與漢馬融同姓名，非東京扶風馬氏也。考《崇文總目》五行類有《絳囊經》一卷，馬融撰。桐鄉金錫鬯云："融，唐居士，非漢馬融也。"余觀《忠經序》云"臣融巖野之臣"，當亦唐居士所撰，後人誤爲南郡太守耳。若果漢之馬氏，乃外戚豪家，不得云"巖野之臣"矣。又案，《忠經·天地神明章》"昔在至理"，又"國一則萬人理"；《政理章》"夫化之德，理之上也""施之以政，理之中也""懲之以刑，理之下也""德者爲理之本也"。唐人避高宗諱，多改"治"作"理"，可證爲唐馬融作矣。又考《兆人章》云"此兆人之忠也"，《冢臣章》云"正國安人"，《武備章》云"王者立武，以威四方，安萬人也"。唐人避太宗諱，多改"民"作"人"。益信爲人所撰著，是在《古文》盛行之時，其屢引梅氏書，不足異矣。

丁晏《尚書餘論·馬融〈忠經〉引〈古文尚書〉非漢之馬季長》云：惠松厓云："今世所傳馬融《忠經》一卷，《宋·藝文志》著於錄，其書間引梅氏《古文》。馬季長東漢人，安知晉以後書，此皆不知而妄作者？"錢竹汀《宋史考異》云："《忠經》一卷，《隋》《唐志》皆不著錄，爲宋人偽托。"晏案，此書亦非依托，當別一馬融與漢馬融同姓名，非東京扶風馬氏也。《崇文總目》五行類有《絳囊經》一卷，馬融撰。桐鄉金錫鬯云："融，唐居士，非漢馬融也。"（《總目》見汗筠齋叢書校刻本）余觀《忠經序》云"臣融巖野之臣”，當亦唐居士所撰，後人誤爲南郡太守耳。若果漢之馬氏，乃外戚豪家，不得云“巖野之臣”矣。又《忠經·兆人章》云“此兆人之忠也”，《冢臣章》云“正國安人”，《武備章》云“王者立武，以威四方，安萬人也”。改“民”作“人”，唐人避太宗諱也。《天地神明章》“昔在至理”，又“國一則萬人理”；《政理章》“夫化之以德，理之上也”“施之以政，理之中也”“懲之以刑，理之下也”“德者爲理之本也”。改“治”作“理”，唐人避高宗諱也。益信爲唐人所撰。是時梅氏書盛行已久，其五引僞《古文書》，不足異矣。

朱一新《無邪堂答問》卷一云：自《法言》後，若馬融《忠經》、鄭氏《女孝經》之類，亦皆僭擬聖經。雖陳因可厭，古人自有此體。《忠經》世以爲僞，丁儉卿《論語孔注證僞》謂《崇文總目》有馬融《絳囊經》一卷，融乃唐居士。《忠經序》有“臣融巖野之臣”云云，馬季長貴戚豪家，安得稱“巖野”？是唐馬融所作明矣。今案，《忠經·廣至理章》有“邦國平康”之語，漢人諱“邦”，邦國未有連文者，足見丁氏之言信而有徵。《四庫提要》謂《玉海》引宋《兩朝志》載有海鵬《忠經》，疑此書爲鵬所作。然書中諱“民”字、“治”字，似當以丁説爲正，後人誤題南郡太守耳。

余嘉錫《四庫提要辨證》卷一〇《子部一》云：丁晏《尚書餘論》云：“惠松崖云：‘今世所傳馬融《忠經》一卷，《宋·藝文志》著于録，其書間引梅氏《古文》。馬季長東漢人，安知晋以後書，此皆不知而妄作者？'錢竹汀《宋史考異》云：'《忠經》，《隋》《唐志》皆不著録，爲宋人僞托。'晏按，此書亦非依托，當別一馬融與漢馬融同姓名，非東京扶風馬氏也。《崇文總目》五行類有《絳囊經》一卷，馬融撰。桐鄉金錫鬯云：'融，唐居士，非漢馬融也。'余觀《忠經序》云'臣融巖野之臣'，當亦唐居士所撰，後人誤爲南郡太守耳。若果漢之馬氏，乃外戚豪家，不得云'巖野之臣'矣。又《忠經·兆人章》云'此兆人之忠也'，《冢臣章》云'正國安人'，《武備章》云'王者立武，以威四方，安萬人也'。改'民'作'人'，唐人避太宗諱也。《天地神明章》'昔在至理'，又'國一則萬人理'；《政理章》'夫化之以德，理之上也''施之以政，理之中也'；'懲之以刑，理之下也''德者爲理之本也'。改'治'爲'理'，唐人避高宗諱也。益信爲唐人所撰。是時梅氏書盛行已久，其五引僞《古文書》，不足異矣。"《提要》以爲海鵬撰，丁氏以爲唐馬融撰，二説不同。考《宋志》儒家類有馬融《忠經》一卷，小説家類又有海鵬《忠經》一卷，《通志·藝文略》諸子類儒術有《忠經》一卷，注云："海鵬撰，失其姓名。"（按，既云海鵬又云失其姓名者，蓋海鵬乃作者之字也。）而無馬融《忠經》，則《提要》謂今書即海鵬撰者，理自可信。《宋志》蓋一書兩收，不足據也。丁氏據《崇文總目輯釋》以《絳囊經》爲馬融撰，因謂作《忠經》者即此馬融，不知

《崇文總目》原無撰人姓名，此"馬融撰"三字乃金錫鬯輯
書時所補。《輯釋》之例，凡書名下有陰文"原釋"二字者，
乃《總目》原文，無者皆錢東垣等所補釋。故錢侗序云：
"侗家舊藏天一閣鈔本，只載卷數，時或標注撰人，然惟經部
十有一二，其餘不過因書名相仿，始加注以別之。此外別無
所見，讀者病焉。乃爲博考史志，補釋撰人。"其文甚明，可
覆案也。考《新唐志》五行類有馬雄《絳囊經》一卷，注
云："雄稱居士。"《通志略》五行家有《絳囊經》一卷，唐
居士馬雄撰。《宋志》五行類亦有馬雄《絳囊經》一卷，然
則唐居士作《絳囊經》者是馬雄，非馬融。金錫鬯題爲馬
融，且附案語云："《宋志》作雄，誤。"實不知其何所本？
丁氏不考全書體例，誤以爲《總目》原文，遂據之以立說，
執不根之言以考古書，不可爲訓。惟其詳徵書中所避唐諱，
以證其爲唐人所撰，非漢之馬融，則頗足補《提要》所不
及，故仍録之，資參考焉。（朱一新《無邪堂答問》卷一云：
"《忠經》世以爲僞，丁儉卿《論語孔注證僞》謂是唐馬融所
作。今案，《忠經・廣至理章》有'邦國平康'之語，漢人
諱'邦'，邦國未有連文者，足見丁氏之言信而有徵。《四庫
提要》謂《玉海》引宋《兩朝志》載有海鵬《忠經》，疑此
書爲鵬所作，然書中諱'民'字、'治'字，似當以丁說爲
正，後人誤題南郡太守耳。"此亦誤信丁氏之説也。）

物理論

整理説明

　　《物理論》，不分卷。《隋書·經籍志三》云："梁有《楊子物理論》十六卷、《楊子大元經》十四卷，並晋徵士楊泉撰。"由此可知，《物理論》作者爲楊泉。一般認爲，楊泉字德淵。德淵之字，乃是承繼馬總《意林》而來。馬總爲中唐人，唐人諱淵，《意林》所記楊泉德淵之字，似有不妥。又宋王楙《野客叢書》卷二十八"名與本傳不同"云："古人名字有與本傳不同者甚多。……《海録碎事》謂：'淵明一字泉明，李白詩多用之。'不知稱淵明爲泉明者，蓋避唐高祖諱耳。猶楊淵之稱楊泉，非一字泉，明也。"可惜的是，《野客叢書》所記楊淵（泉）其人，未詳所指。唐代編《隋書》時是否因避唐諱而改楊淵而爲楊泉，存疑。楊泉所處時代，《隋書·經籍志》作晋人，徐堅《初學記》卷七地部下"湖第一"賦類稱"西晋楊泉"，則爲西晋人。明朝周嬰《卮林》卷八"楊泉"指出："《隋經籍志》晋處士楊泉集二卷在薛瑩下、閔鴻上，是吳人而入晋者。……《藝文類聚》又載楊泉賦數首，皆稱吳時人。"則楊泉當爲由吳入晋者。

　　楊泉爵里籍貫，馬總《意林》稱"梁國人"，未詳所自。馬瑞辰、錢保塘等人因襲《意林》，亦稱其爲"梁國人"。今魏明安、趙以武《楊泉評傳》也認爲楊泉爲梁國人，理由在於《世説新語·言語》篇記載有孔君平造訪"梁國楊氏"事件，且"漢末靈帝中平年間（184—188），黄巾起義在豫州聲勢浩大，與梁國毗鄰的陳國、汝南，以及北部兖州境内，討擊戰事相連，必然波及夾在其間的梁國。孔愉的曾祖、楊泉的先祖由梁國'避地會稽'，大概就在這期間"①。魏、趙二先生的結論顯然是值得商榷的。首先，孔君平所拜會的楊氏子爲誰不明所指；其次，楊氏子與楊泉關係不明。因此，結論中楊泉爲"梁國人"更多地爲附會《意林》、馬瑞辰等人而强作論證。而《意林》結論，應是據《隋志》"梁有《楊子物理論》十六卷"語而來，顯然是誤將《隋志》所稱時代之梁朝作郡國之梁國，所謂楊泉"梁國人"有誤。如前所述，楊泉爲由吴入晋者，則楊泉當屬吴地人。從其《五湖賦》序所體現出對五湖熟稔的程度、對五湖有着極其深厚的感情，以及《北堂書鈔》卷第六十三設官部十五郎中九十六"清操自然"下引《晋録》言西晋會稽相朱則上書推薦楊泉"詔拜泉郎中"的情況，和《物理論》中"余昔在會稽"的

----

　　①　魏明安、趙以武：《傅玄評傳·楊泉評傳》，南京大學出版社 1996 年版，第 371—372 頁。

記載來看，楊泉爲吳地會稽人無疑。

楊泉生平仕履，《隋志》稱"晋徵士"，嚴可均亦稱其爲"吳處士，入晋，徵爲侍中，不就"。二者雖有晋、吳之不同，但都將楊泉視爲隱居不仕的高潔之士。從嚴氏自注可知，楊泉"徵士"之名，出自虞世南所撰《北堂書鈔》。據南海孔氏三十有三萬卷堂校注重刊、孫星衍等校影宋原本《北堂書鈔》載：

> 《晋録》："會稽相朱則上書，言'楊泉爲政，清操發於自然。① 吳國偃，傳詣闕下，上書朝廷，徵聘，終不移心'。詔拜泉郎中。"②

由此可知，楊泉在吳亡之前曾經有過"爲政"經歷，且"清操發於自然"，則吳亡之前楊泉並非"處士"。嚴可均稱其爲"吳處士"顯然有誤。吳亡之後，楊泉曾經"傳詣闕下"，在洛陽有過一段生活經歷，並且"上書朝廷"而獲得"徵聘"的機會，這應在會稽相朱則舉薦之前，只是這次徵

---

① 魏明安、趙以武《楊泉評傳》引此條句讀爲"楊泉［爲政］清操［發於］自然，征聘終不移心"，此爲迎合陳禹謨本而來，以陳禹謨本爲據來句讀孫星衍本，顯然不合適。"清操"，指人品高潔，爲名詞，置於動賓短語"爲政"之後不合語法規範，因此應予斷開。

② 虞世南:《北堂書鈔》卷第六十三設官部十五郎中九十六，《續修四庫全書》影印南海孔广陶孔氏三十有三萬卷堂校注重刊孫星衍等校影宋原本，上海古籍出版社2002年版，第1212册，第304頁。

聘因其個人意願“終不移心”而未任職，并於不久回到會稽。不如此則不可能獲得會稽相朱則的薦舉。大約在太康中後期至晋惠帝即位之初，因朱則舉薦，被“詔拜郎中”。① 由於材料的闕如，朱則舉薦之後，楊泉是否入洛、出仕晋朝不得而知。但從朱則的評語“終不移心”來看，楊泉不仕可能性很大，《隋書·經籍志》“晋徵士”身份認定或有所本亦未可知。

楊泉著述頗豐，《隋書·經籍志》載有《物理論》十六卷、《太元（玄）經》十四卷文集二卷，今皆不存。在這些著述中，以《物理論》影響最巨並被廣泛徵引。如此廣泛的接受，應當源於《物理論》對事物內在規律和道理的揭示。這其中有天文地理，如論天地的形成，認爲天地生成在於水氣，“所以立天地者，水也；成天地者，氣也。水土之氣，升而爲天”，“所以立天地者，水也。夫水，地之本也。吐元氣，發日月，經星辰，皆由水而興”。而天在上地在下，乃是“夫地有形而天無體，譬如灰焉，烟在上，灰在下也”；風的形成乃是因“陰陽亂氣激發而起者也，猶人之内氣，因喜怒哀樂激越而發也”。亦有人情世態的闡發，如認爲咽喉乃是“生之要孔”、腸胃爲“五藏之府，陶冶之大化”；而“人之

_____

① 魏明安、趙以武《楊泉評傳》認爲朱則任會稽相爲入晋之後，且在太康後期、晋惠帝即位之初，原因有三：吴亡前會稽爲郡不爲國；會稽設相在吴孫秀降晋之後，首任相國爲丁义；永寧元年司馬倫篡位前，會稽相爲張景。此説有理，遂從之。見《傅玄評傳·楊泉評傳》，南京大學出版社1996年版，第373頁。

性如水"，"置之圓則圓，置之方則方。澄之則淳而清，動之則流而濁"。因此"人君之治也，先禮而後刑"，只有做到善於賞善罰惡才能實現社會清明："善賞者，賞一善而天下之善皆勸；善罰者，罰一惡而天下之惡皆除矣。"而這在於官吏的選拔："吏者，理也，所以理萬機、平百揆也。武士宰物，猶使狼牧羊、鷹養雛也。是以人主務在審官擇人"；"構大廈者，先擇匠而後簡材；治國家者，先擇佐而後定民"。又在於官員有一顆從公之心："夫有公心，必有公道。愛己者，不能不愛；憎己者，不能不憎。"而人與人之間應仁義爲先，誠信相待："割地利己，天下讎之；推心及物，天下歸之。以信接人，天下信之；不以信接人，妻子疑之。見疑妻子，難以事君。君子修身居位，非利名也，在乎仁義。"也有事理的論說，如"經巨海者，終年不見其涯；測虞淵者，終世不知其底。故近者不可以度遠也"，"九日養親，一日餓之，豈得言孝？飽多飢少，固非孝乎？穀馬十日，一日餓之，馬肥不損，於義無傷。不可同之一日餓母也"。此外還有物理的發明，如"凡種有強弱，土有高柔。土宜強，高莖而疏粟，長穗而大粒"，"鴻毛一羽，在水而沒者，無勢也；黃金萬鈞，在舟而浮者，托舟之勢也"，"西國胡言：'蘇合香是獸便。'中獸便而臭，忽聞西極獸便而香，則不信矣"，等等。

應該指出的是，受時代的局限，楊泉對事物客觀規律的解釋往往有牽強之處，如："月，水之精。潮有大小，月有虧盈。"將潮漲潮落與月之盈虧相聯繫，解釋了潮汐與月球引力之間的關係，自然可取，但因此而將月視爲水之精華，則屬毫無根據的臆說。又"星者，元氣之英也，漢水之精也。氣發而升，精華上浮，宛轉隨流，名之曰天河。一曰雲漢，衆星出焉"，將星辰視爲元氣與漢水之精氣，將銀漢理解爲漢水精氣上浮而成的天河，則更屬無稽之談。由此可見，楊泉對物理的解釋多爲唯心之論。在社會秩序的構建上，楊泉從其自身的立場出發，多認同現有的社會秩序，強調尊卑有序，可以"賞不避疏賤，罰不避親貴"，但須"貴有常名，而賤不得冒；尊有定位，而卑不敢逾"；因此而強調維護社會的貧富不均，反對"割剥富強以養貧弱"，他説："割剥富強以養貧弱，何異餓耕牛乘馬而飽吠犬、棄幹將而礪鉛刃也？"站在儒家立場的角度，他批評墨子的"兼愛"與"短喪"："墨子兼愛，是廢親也。短喪，是忘憂也。"很顯然，楊泉的社會倫理思想有着儒家禮教文化的糟粕。

儘管如此，楊泉《物理論》仍有不少可取之處。如以水、氣作爲天地形成之根本，認爲"土氣合和而庶類自生"，則帶有樸素的唯物主義思想；引用京房的觀點認爲月爲"有形無光"、月光乃是"日照之乃光，如以影照日而有影見"，則接近了現代科學，可見楊泉是继承兩汉揚雄、王充、張衡之後又一重要的唯物主義思想家。在生死問題上，楊泉認爲人生而必死，而早夭之人只是人生不幸："人之涉世，譬如弈棋。苟不盡道，誰無死地？但不幸耳。"在楊泉看來，人之死猶火之滅："人含氣而生，精盡而死。死，猶澌也，滅也。譬如火焉，薪盡而火滅，則無光矣。故滅火之餘，無遺炎矣。人死之後，無遺魂矣。"其相關論述上承桓譚、王充，而下啓范縝"神滅論"，顯而易見，楊泉屬典型的無神論者。在人與自然的關係上，他強調人改造自然的能動性，但又反對盲目的人定勝天，他説："陸田者，命懸於天。人力雖修，水旱不時，則一年之功棄矣。水田制之由人，人力苟修，則地利可盡。"在社會問題上，他主張藏富於民，國家的安危在於富民："民富則安鄉重家，敬上而從教；貧則危鄉輕家，相聚而犯上。飢寒切身而不行非者寡矣。"雖然反對"割剥富強以養貧弱"，但同時也強調百姓的休養生息："使民主養民如蠶母之養蠶，則其用豈徒絲蠶而已哉！"從安定天下的角度出發，楊泉強烈反對任用小人："夫欲定天下而任小人，犹欲捕麋鹿而兔苴，不可得也。兔苴不能擊麋鹿，猶小人不能任大事。"對於那些賣官贖罪的不公平現象，楊泉也深惡痛絶，認爲"入粟補吏，是賣官也；罪人以贖，是縱惡也"。這些社會政治理念，即使放在當今世界也是有着極其重要借鑒意義的。

《物理論》原書已佚，今存清人輯本。清人輯《物理論》，始於乾嘉年間。據光緒年間錢保塘輯本《物理論》序可知，乾嘉時期海寧周廣業曾"搜輯遺文，去其重復，得文段完整者百數十條，四千餘字”，周本不見其他著録，且錢氏之時已“惜未得周氏輯本一勘之也”，則周氏之書似已不存。大約在同時或稍晚，又有孫星衍輯本。據孫本前有嘉慶十年（1805）十月望日桐城馬瑞辰序可知，孫氏所輯乃是在章宗源本基礎之上校補而成，章本惜未得見。孫星衍輯本《物理論》收入其《平津館叢書》中，該版本爲白口單魚尾，左右雙欄，上下單邊，半頁十一行，行二十字。馬瑞辰序尾頁版心下有“金陵劉文奎家鋟”記，則爲金陵著名刻書家劉文奎、劉文楷兄弟所刻。光緒八年（1882）海寧錢保塘在孫星衍輯本基礎上，“據周氏廣業、嚴氏可均之説，謂《意林》所載《傅子》《物理論》互有錯簡”，於是“取孫氏輯本校之，去其誤收《傅子》數十條，以《齊民要術》《五行大義》《天中記》所引略加補正，而以《意林》錯簡入《傅子》者八條録附焉”，而“得三千餘字”，是爲錢氏清風室叢書本。此本爲光緒八年刻本，封頁題篆文“物理論一卷”，下題“懿榮署耑（端）”，似爲王懿榮所題。該版本白口雙魚尾，四周雙邊，半頁十一行，行二十三字，版心有“清風室校刊”字樣。據其自序以及“陽湖孫星衍集校”“海寧錢保塘重校”署名可知，此爲孫氏輯本的校注本。在孫本與錢本之外，尚有晚清王仁俊輯稿本一卷，并附補遺，收入《玉函山房輯佚書續編》“子部儒家類”中，現藏上海圖書館，收入《續修四庫全書》中。

孫氏平津館叢書本（以下簡稱"平津本"）、錢氏清風室
叢書本（以下簡稱"清風室本"）、王氏玉函山房輯佚叢書續
編本是清人輯佚《物理論》的主要版本。三種版本中，以孫
本爲最早、流布最廣、影響最巨，也是學界通行之版本。道
光間黃奭《漢學堂叢書》（《黄氏逸書考》）即全抄襲孫氏，
民國年間上海商務印書館編《叢書集成初編》、1985 年臺北
新文豐出版股份有限公司編《叢書集成新編》亦據此刊印發
行，其中《叢書集成新編》爲縮印本，而《叢書集成初編》
爲排印本。儘管錢保塘據周廣業、嚴可均之觀點指出孫本
《物理論》"誤收《傅子》數十條"，但正如馬瑞辰序所指出
那樣，《物理論》"自天文地理以迄古今帝王用人行政之要，
靡不囊括"，乃是"博采秦漢諸子之説爲之，而引《傅子》
爲尤多"。馬瑞辰的序言表明，楊泉《物理論》引用傅玄
《傅子》乃是常態，與《傅子》之間有着千絲萬縷的聯繫。
嚴可均、錢保塘等人所認爲的《意林》所引《物理論》乃出
自《傅子》的條目，或實爲《物理論》徵引《傅子》而《意
林》引用時因未詳審、未加區分而已。因此，個人以爲，不
能簡單地將平津館本《物理論》中有關《傅子》條目視爲誤
收。爲避免挂一漏萬，此次整理仍以平津本爲底本，而以清
風室本出校。又，王氏輯本實不出孫、錢二人藩籬，且多錯
訛，因此，此次整理只略作參考。

孫輯本《物理論》第一次句讀出版，是民國年間商務印

書館編《叢書集成初編》。1985 年中華書局再版《叢書集成初編》時，將《物理論》與《仲長統論》《桓子新論》《金樓子》合爲一册，句讀沿襲其舊。但《叢書集成初編》的句讀存在着一些明顯失誤，如"楊雄非渾天而作蓋天，圓其蓋，左轉，日月星辰隨而東西"斷爲"楊雄非渾天而作蓋天，圓其蓋左轉，日月星辰隨而東西"，"西國胡言：'蘇合香是獸便。'中獸便而臭，忽聞西極獸便而香，則不信矣"斷爲"西國胡言蘇合香是獸便中，獸便而臭，忽聞西極獸便而香，則不信矣"，等等。中華書局亦隨之而錯，今一併更正。此外，所有條目除參考錢、王之説外，本次整理均儘量查其出處并做注釋説明。

平津館刻本馬瑞辰序

　　《隋·經籍志》言："梁有《楊子物理論》十六卷，晋徵士楊泉撰。"《唐·藝文志》、馬總《意林》所著卷數並同，而其目不見《宋·藝文志》，則其書自宋已佚之矣。章逢之孝廉曾有輯本，今淵如觀察重加校正，補所未備，屬瑞辰序之。

　　其分卷之舊，已不可考，謹以事類次第編録。自天文地理以迄古今帝王用人行政之要，靡不囊括。蓋博采秦漢諸子之説爲之，而引《傅子》爲尤多。如云"買鄰之直貴于買宅""黄金累千，不如一賢""士非玉璧，談者爲價"，以及蒙恬築長城歌。其不言《傅子》者，亦多出于《傅子》。《傅子》一百四十卷，今僅從《永樂大典》録出一卷。楊子是書，正足與《傅子》相表裏已。①

　　楊泉，字德淵，梁國人。《隋志》稱"徵士"，亦稱"處

---

　　① 按，"而引《傅子》尤多"至"正足與《傅子》相表裏已"，清風室本以小字雙行改録爲文中注，并附按語云："保塘按，馬氏誤據《意林》錯簡，故有此説。今既訂正，因以此數語改録注中。"

士”，目爲“楊子”，列入儒家，蓋晉之隱君子、閉户著書者。所著有《太元經》十四卷，①　又集二卷，録一卷，見《隋志》。②　今俱不傳。《太元經》見于《意林》，凡六條，蓋仿子雲《大元》爲之。③　其文集則不數見，而《物理論》于此得存其概，是誠斷璧殘圭之可寶貴也。

嘉慶十年十月望日翰林院庶吉士桐城馬瑞辰序。

---

①　《太元經》，當作《太玄經》，馬瑞辰因避康熙玄燁諱改。

②　按，《隋志》原作“晋處士楊泉集二卷”，注云“録一卷”，則所謂“録一卷”是指《隋志》收録一卷，而非楊泉有圖録一卷，馬瑞辰誤。

③　《大元》，即《太玄》。清風室本作“《太元》”。

物理論一卷

晋徵士楊泉　撰

賜進士及第山東等處督糧道兼管德常臨清倉事務加二級

孫星衍　校集

天者，旋也，均也。積陽爲剛，① 其體迴旋，群生之所大仰。《北堂書鈔·天部》《太平御覽·天部》。

楊雄非渾天而作蓋天，② 圓其蓋，左轉，日月星辰隨而東西。桓譚難之，雄不解，此蓋天者復難知也。《太平御覽·天部》。

元氣皓大則稱皓天。皓天，元氣也，皓然而已，無他物也。③《太平御覽·天部》。

儒家立渾天以追天形，從車輪焉。《周髀》立天，案，"天"上應有"蓋"字。④ 言天、氣循邊而行，從磨石焉。斗、

---

① "積陽爲剛"，《四部叢刊三編》影宋本《太平御覽》（以下所引《太平御覽》皆同此）作"積陽純剛"。

② "楊雄"，《太平御覽》作"楊雄"，"清風室本"作"揚雄"。

③ 按，《太平御覽·天部》中此條與上一條實爲一條。

④ 按，文中小注皆爲孫星衍注。又"《周髀》立天"，《太平御覽》作"《周髀》立蓋天"。

極，天之中也。言天者必擬之人，故自臍以下，人之陰也；自極以北，天之陰也。所以立天地者，水也；成天地者，氣也。水土之氣，升而爲天。案，“水土”句又見《初學記·天部》。天者，君也。夫地有形而天無體，譬如灰焉，烟在上，灰在下也。渾天説天，言天如車輪，而日月旦從上過，夜從下過，故得出卯入酉。或以斗、極難之，故作蓋天，言天左轉，日月不行，皆緣邊爲道。就渾天之説，則斗、極不正；若用蓋天，則日、月出入不定。夫天，元氣也，皓然而已，無他物焉。《太平御覽·天部》。

自極以南天之陽，自極以北天之陰。《北堂書鈔·天部》。

北極，天之中，陽氣之北極也。極南爲太陽，極北爲太陰。太陰則無光，太陽則能照，故爲昏明寒暑之極也。① 《史記·天官書索隱》《北堂書鈔·天部》。

日者，太陽之精也。夏則陽盛陰衰，故晝長夜短；冬則陰盛陽衰，故晝短夜長，氣之引也。行陰陽之道長，故出入卯酉之北；行陰陽之道短，故出入卯酉之南；② 春秋陰陽等，

---

① “太陰則無光”，《史記·天官書索隱》、清風室本作“日月五星，行太陰則無光”；“太陽則能照”，《史記·天官書索隱》、清風室本作“行太陽則能照”；“故爲昏明寒暑之極也”，清風室本作“故爲昏明寒暑之限極也”。又，“太陽則能照”下，王仁俊玉函山房輯佚叢書續編本《物理論》據《古文苑·九宮賦注》補有“賦言九宮之行，始於坎宮，坎正北，故爲陰晦；終於離宮，離正南，故曰陽明”。王氏誤。

② “氣之引也”，《太平御覽·天部》、清風室本作“氣引之也”；“行陰陽之道長”，《太平御覽·天部》、清風室本作“行陽之道長”；“行陰陽之道短”，《太平御覽·天部》、清風室本作“行陰之道短”。

故日行中平、晝夜等也。《太平御覽·天部》。

月，水之精。潮有大小，月有虧盈。《北堂書鈔·天部》。

上弦月從下侵。《北堂書鈔·天部》。

日月之□爲星辰，星辰辰生於地。①《太平御覽·天部》。

京房説：“月與星，至陰也，有形無光，日照之乃光，如以影照日而有影見。”《藝文類聚·天部》。

星者，元氣之英也，漢水之精也。氣發而升，精華上浮，宛轉隨流，名之曰天河。一曰雲漢，衆星出焉。《詩·小雅正義》《北堂書鈔·天部》《太平御覽·天部》。

星，元氣之精，日精也。二十八宿，度數有數，故謂恒星。②《太平御覽·天部》。

斗、極所以成寒暑。《北堂書鈔·天部》。

歲行一次，謂之歲星，則十二歲而星一周天也。《史記·天官書索隱》。

豈有太乙之君坐于庶人之座，魁罡之神存于匹婦之室？③《意林》。

風者，陰陽亂氣激案，《文選·風賦注》引作“擊”。發而起者

---

① “日月之□”、“星辰辰生於地”，《太平御覽·天部》、清風室本作“日月之精”、“星辰生於地”。

② “元氣之精”，清風室本同，《太平御覽》作“元氣之英”；“度數有數”，《太平御覽·天部》、清風室本作“度數有常”。

③ 按，此條清風室本不錄，嚴可均《全上古三代秦漢三國六朝文》收錄在《傅子·補遺上》中。“太乙之君”，清武英殿聚珍版叢書本《意林》作“太一之君”，嚴氏所錄同。

也，猶人之內氣因喜怒哀樂激越而發也。故春氣溫，其風溫以和，喜風也；夏氣盛，其風熛以怒，怒風也；秋風勁，其風清以直，① 清風也；冬氣□，② 其風慘以烈，固風也：此四正之風也。又有四維之風：東北明庶，庶物出幽入明也；東南融風，以道以長也；西南清和，萬物備成也；西北不周，方潛藏也。此八風者，方土異氣，疾徐不同，和平則順，違逆則凶，非有使之者也，氣積自然。怒則飛沙揚礫，發屋拔樹；喜則不搖枝動草，順物布氣，天下之性、③ 自然之理也。④《太平御覽・天部》《事類賦・天部注》。

　　積風成雷。《北堂書鈔・天部》《初學記・天部》《藝文類聚・天部》《太平御覽・天部》《事類賦・天部注》。

　　風，清熱之氣，散爲電。《北堂書鈔・天部》《太平御覽・天部》。案，《北堂書鈔》引作“熱氣散而爲電”。

---

　　①　“其風清以直”，影宋本《太平御覽》作“其風清以貞”。
　　②　“冬氣□”，明陳耀文《天中記》卷二，文淵閣四庫全書本《淵鑒類函》、同治刻本桂馥《說文解字義證》卷四十三引《物理論》均作“冬氣實”。
　　③　“天下之性”，清風室本據《五行大義》作“天地之性”。
　　④　清風室本此條之下錢保塘因《五行大義》四引楊泉《物理論》文字與《太平御覽》《事類賦注》文字小異而另錄一條，其文曰：“春氣臑，其風溫以和，喜風也；夏氣盛，其風陽以貞，樂風也；秋氣勁，其風熛以清，怒風也；冬氣冷，其風凝以厲，哀風也。又四維之風隨生成之，氣方土異宜，各隨所感。而風者，天之號令，治政之象。若君有德令，則風不搖條，清和調暢。若政令失，則氣怒凶暴，飛沙折木，此天地報應之理也。風者，陰陽孔氣激發而起，猶人之內氣因喜怒哀樂激發起也。”

軒轅主雷雨之神。①《北堂書鈔·天部》。

雲雨于是乎出，霜雪于是乎降。②《北堂書鈔·天部》。

疇昔神農始治農功，正節氣，正寒溫，以爲早晚之期，故立曆日。③《藝文類聚·歲時部》《事物紀原》一。案，《事物紀原》又引神農立曆日。

正月朝，四面黃氣，其歲大豐。此黃帝用事，土氣均和，四方並熟。④《太平御覽·歲時部》。

陽盈而過故致旱。《藝文類聚·災異部》《太平御覽·咎徵部》。

地者，底也。底之言著也，陰體下著也。⑤《爾雅釋文》。

地者，卦曰坤，其德曰母，其神曰祇，亦曰媼。大而名之曰黃地祇，小而名之曰神州，亦曰后土。《初學記·地部》《太平御覽·地部》。

其神曰祇。祇，成也，百生萬物備成也。⑥其卦爲坤，其德曰母。地形有高下，氣有剛柔，物有巨細，味有甘苦。

---

① 按，《北堂書鈔·天部》"軒轅"前有"就春秋合成之圖"七字，語意殊不可解，存疑。王仁俊玉函山房輯佚叢書續編本《物理論》將其補齊錄作一條。
② 按，此條清風室本不錄。又，此條原爲《北堂書鈔·地部一》正文，"霜雪"作"雪霜"。同書同卷"地者天之根"下引《物理論》云："地者，天之根本也。雲雨於是乎出，日月星辰於是乎陳，露雪霜於是乎降。"則此條當爲《物理論》原文。
③ 按，此條亦見於《太平御覽》卷一七《時序部》，"正寒溫"作"審寒溫"，清風室本同。
④ 按，此條清風室本不錄。
⑤ 按，此條亦見於《太平御覽》卷三六《地部》一。
⑥ "百生萬物"，《太平御覽》作"育生萬物"，清風室本同。

鎮之以五岳，積之以丘陵，播之以四瀆，流之以四川。① 蓋氣，自然之體也。地發黃泉，② 周伏迴轉，以生萬物。地者，天之根本也，③ 形西北高而東南下，東西長，南北短，④ 其盡四海者也。⑤《北堂書鈔·地理部》《太平御覽·地部》。

凡居地有大利而無小害者，上地也。《初學記·地理部》《太平御覽·地部》。

陸田者，命懸于天，人力雖修，水旱不時，則一年之功棄矣。水田制之由人，人力苟修，則地利可盡。⑥《意林》。

游濁爲土，土氣合和而庶類自生。《太平御覽·地部》。

夫土地皆有形名，而人莫察焉。有龜龍體，有麟鳳兒，有弓弩勢，有斗石象，有張舒形，有塞閉容，有隱眞之安，有累卵之危，有膏英之利，有墳堁之害。此四形者，⑦ 氣勢

---

① “流之以四川”，《北堂書鈔》、清風室本作“流之以百川”。

② “地發黃泉”，清風室本作“發氣黃泉”。

③ “天之根本也”下，清風室本據《北堂書鈔》卷一五九補有“雲雨於是乎出，日月星辰於是乎陳，霜雪於是乎降”句。

④ “東西長，南北短”，清風室本作“東西長而南北短”。

⑤ “其盡四海者”下，據《天中記》七補有“炎氣欝蒸，景風颺色，地之張也；秋風蕩生，涼氣蕭然，地之閉也”句。

⑥ 按，此條清風室本不錄，嚴可均《全上古三代秦漢三國六朝文》收錄在《傅子·補遺上》中，文字略異：“陸田者，命懸于天也。人力雖修，苟水旱不時，則一年之功棄矣。水田制之由人，人力苟修，則地利可盡。天時不如地利，地利不如人和。”《太平御覽·資產部一》、元《王禎農書》卷四《農桑通訣四》均引作“傅子曰……”則此條似出《傅子》。

⑦ “四形”，《初學記·地部》《事類賦·地部注》均作“十形”，清風室本與此同，平津館本誤。

之始終，陰陽之所極也。《初學記·地理部》《事類賦·地部注》。

形有高下，氣有剛柔。①《北堂書鈔·天部》。

炎氣鬱蒸，地之張也；秋風蕩生，地之閉也。②《北堂書鈔·天部》。

定寧無不載，廣厚無不容。③《北堂書鈔·天部》。

土精爲石。《藝文類聚·地部》。

石，氣之核也。氣之生石，猶人筋絡之生爪牙也。④《初學記·地理部》。

必得昆山之玉而後寶，則荊璞無夜光之美；必須南國之珠而後珍，則隋侯無明月之稱。⑤《意林》。

所以立天地者，水也。夫水，地之本也。吐元氣，發日月，經星辰，皆由水而興。《太平御覽·地部》。

九州之外皆水也。余昔在會稽，仰看南山，見雲如瀑練，方數丈，其聲如硠磕。⑥須臾，山下居民驚駭，洪水大至。《太平御覽·地部》。

---

① 按，此條與前"其神曰祇"條重出，清風室本不録。又，自此條以下三條均輯自《北堂書鈔·地部》，平津館本作《北堂書鈔·天部》，誤。

② 按，此條清風室本將此條前"其神曰祇"條合爲一條。"蕩生"，《北堂書鈔》作"蕩物"。

③ 按，《北堂書鈔·地部一》《太平御覽·地部一》《天中記》卷七引此條均作"文子"，則此條當出於辛鈃《文子》。

④ 按，此條與上一條復見於《初學記·地部》《太平御覽·地部》，均作一條。

⑤ 按，此條清風室本不録，嚴可均《全上古三代秦漢三國六朝文》收録在《傅子·補遺上》中。

⑥ "方數丈，其聲如硠磕"，《太平御覽·地部》作"方數十丈，其声硠磕"。

河色黃案，《白帖》引作"黃赤象"。者，眾川之流，蓋濁之也。百里一小曲，千里一曲一直矣。① 《水經注·河水》《太平御覽·地部》。

堯世洪水，民登木而棲，懸釜而爨。《太平御覽·器物部》。

九州變易，交錯不同。《禹貢》有梁州無并州，《周官》有并州無梁州，《爾疋》有營州無青州。漢興，武帝開拓三方，立十三州，通并、梁之數而增交、益焉。② 《太平御覽·州郡部》。

買宅者先卜鄰焉。③ 《初學記·居處部》《白帖》《太平御覽·州郡部》。

買鄰之直貴于買宅。《太平御覽·州郡部》。

故人之在孕者，總其名籍，上之天府。天子立金匱玉閣，命司録以監省之。《太平御覽·居處部》。

夫齒者，年也，身之實也，藏之斧鑿，調諧五味，以安性氣者。④ 《太平御覽·人事部》。

咽喉者，生之要孔。《太平御覽·人事部》。

腸胃，五藏之府，陶冶之大化也。《太平御覽·人事部》。

---

① "百里一小曲，千里一曲一直矣"，潘國欣認爲二句語出《爾雅·釋水》，此爲孫氏等人誤録入。詳見其論文《錢保塘輯本〈物理論〉訂補》，《古典文獻研究》（第十三輯）。

② 按，此條復見於《藝文類聚·地部》。

③ "卜鄰"，《太平御覽·州郡部》作"定鄰"。

④ "身之實也""調諧五味"，清風室本同，《太平御覽》作"身之寶也""所以調諧五味"，明馮復京《六家詩名物疏》卷一五國風廊二、陳耀文《天中記》卷二二、清張英《淵鑒類函》卷二六〇人部一九引《物理論》均作"寶"。

長人數丈，身橫十畝，四臂共骨。老人生角，男女變化，何益於賢愚耶?①《意林》。

相者曰："三亭九候，定於一尺之面；愚智勇怯，形于一寸之目。天倉金匱，以別富貴貧賤。"②《意林》。

人含氣而生，精盡而死。死，猶澌也，滅也。譬如火焉，薪盡而火滅，則無光矣。故滅火之餘，無遺炎矣；人死之後，無遺魂矣。《初學記·禮部》《太平御覽·禮儀部》。

人之涉世，譬如奕棋。苟不盡道，誰無死地? 但不幸耳。③《意林》。

古者尊祭重神。祭宗廟，追養也；祭天地，報往也。④《藝文類聚·禮部》。

三皇貴道而尚德，五帝先仁而後義，三王先義而後辭。⑤《意林》。

使民主養民如蠶母之養蠶，則其用豈徒絲蠶而已哉!⑥

---

① 按,此條清風室本不錄,嚴可均《全上古三代秦漢三國六朝文》收錄在《傅子·補遺上》中。"十畝",《意林》原作"九畝"。此處所引文字,"身橫十畝"下脫"兩頭異頸"四字。

② 按,此條清風室本不錄,嚴可均《全上古三代秦漢三國六朝文》收錄在《傅子·補遺上》中。

③ 按,此條清風室本不錄,嚴可均《全上古三代秦漢三國六朝文》收錄在《傅子·補遺下》中。

④ 按,此條復見於《初學記》卷十三禮部上。"報往",《初學記》作"報德"。

⑤ 按,此條清風室本不錄,嚴可均《全上古三代秦漢三國六朝文》收錄在《傅子·補遺上》中。

⑥ 按,清風室本脫"則"字,"絲"下脫"蠶"字。"民主",《太平御覽》作"人主"。

《太平御覽·資産部》。

語曰："上不正，下參差。"古者所以不欺其民也。割剥富强以養貧弱，何異餓耕牛乘馬而飽吠犬、棄干將而礪鉛刃也？《意林》。

天地成歲也，先春而後秋；人君之治也，先禮而後刑。①《意林》。

奸與天地俱生，自然之氣也。人主以政禦人，政寬則奸易禁，政急則奸難絶。《文苑英華》。

威行法明，漏吞舟之魚；法不明，② 則類於細櫛。細櫛則苛慝生也。《太平御覽·服用部》。

人之性如水焉，置之圓則圓，置之方則方。澄之則渟而清，動之則流而濁。先王知中流之易擾亂，故隨而教之；謂其偏好者，故立一定之法。③《意林》。

塞一蟻孔而河決息，施一車轄而覆乘止。立法令者，亦宜舉要。④《意林》。

---

①　按，此條清風室本不録，嚴可均《全上古三代秦漢三國六朝文》收録《傅子·補遺上》中，此句亦見於同書《全晉文》卷四七《傅子一·法刑》篇中。

②　"法不明"，清風室本同，《太平御覽》卷七一四作"法之不明"。

③　按，此條復見於《太平御覽》人事部一，前有"傅子曰"，而無"先王"以下内容，似出自《傅子》。此條清風室本不録，嚴可均《全上古三代秦漢三國六朝文》收録在《傅子·補遺上》中。

④　按，此條復見於《北堂書鈔》卷四三，前有"傅子云"，無"立法令者，亦宜舉要"句，似出自《傅子》，此條清風室本不録，嚴可均《全上古三代秦漢三國六朝文》收録在《傅子·補遺上》中。

秉綱而目自張，執本而末自從。善賞者，賞一善而天下之善皆勸；善罰者，罰一惡而天下之惡皆除矣。①《意林》。

止響以聲，逐影以形。奸爭流蕩，不知所止也。②《意林》。

漢太宗除肉刑，匹夫之仁也，非天下之仁也。不忍殘人之體而忍殺人，故曰"匹夫"。③《意林》。

救嬰孩之疾而不忍鍼、艾，更加他物，以至死也。今除肉刑者更衆，何異服他藥也？肉刑雖斬其足，猶能生育也。張蒼除肉刑，每歲所殺萬計；鍾繇復肉刑，歲生二千人也。名肉刑者，猶鳥獸登俎而作肉。④《意林》。

今有弱子，當陷大辟，問其慈父，必乞以肉刑代之，苟可以生易死也。有道之君，能不以此加百姓乎？蛇螫在手，壯夫斷其腕，謂其雖斷不死也。⑤《意林》。

---

① 按，此條清風室本不錄，《意林》引作《物理論》。嚴可均《全上古三代秦漢三國六朝文》收錄在《傅子·補遺上》中。

② 按，此條清風室本不錄，嚴可均《全上古三代秦漢三國六朝文》收錄在《傅子·補遺上》中。

③ 按，此條清風室本不錄，嚴可均《全上古三代秦漢三國六朝文》收錄在《傅子·補遺上》中。

④ 按，《意林》"今除肉刑"下有"危"字。此條清風室本不錄，嚴可均《全上古三代秦漢三國六朝文》收錄在《傅子·補遺上》中，認爲"肉刑"下"當復有刑字"，并從"肉刑名者"斷作兩條。

⑤ 按，此條清風室本不錄，嚴可均《全上古三代秦漢三國六朝文》收錄在《傅子·補遺上》中。又，此條內容復見於嚴可均《全三國文》卷四三李勝《難夏侯太初肉刑論》一文中，文字略異。

曹義—作“羲”。曰：“縶馴駒以驂絆，御悍馬以腐索。”
今制民以輕刑，亦如此也。①《意林》。

入粟補吏，是賣官也；罪人以贖，是縱惡也。②《意林》。

夫有公心，必有公道。愛己者，不能不愛；憎己者，不
能不憎。民富則安鄉重家，敬上而從教；貧則危鄉輕家，相
聚而犯上。飢寒切身而不行非者寡矣。③《意林》。

妄進者若卵投石，逃誅者若走赴深。④《意林》。

吏者，理也，所以理萬機、案，“理”字《北堂書鈔》引作“助”。
平百揆也。武士宰物，猶使狼牧羊、鷹養雛也，是以人主務在審
官擇人。⑤《藝文類聚·職官部》、《太平御覽》“職官部”“羽族部”。

世質則官少，時文則吏多。有虞氏官五十，夏后氏官一
百，殷有二百，周有三百。⑥《意林》。

---

①　按，此條清風室本不錄，嚴可均《全上古三代秦漢三國六朝文》收錄在
《傅子·補遺上》中。“驂絆”，《意林》作“摻絆”。

②　按，此條清風室本不錄，嚴可均《全上古三代秦漢三國六朝文》收錄在
《傅子·補遺上》中。

③　按，此條清風室本不錄。嚴可均《全上古三代秦漢三國六朝文》收錄在
《傅子補遺上》中，但分“夫有公心，必有公道”“愛己者，不能不愛；憎己者，不能不
憎”“民富則安鄉重家，敬上而從教；貧則危鄉輕家，相聚而犯上。飢寒切身而不
行非者寡矣”三條而錄之。

④　按，此條清風室本不錄，嚴可均《全上古三代秦漢三國六朝文》收錄在
《傅子補遺上》中。

⑤　“武士宰物”，清風室本同，《藝文類聚·職官部》作“武士宰民”，《太平御覽·
職官部》作“武士宰民物”。

⑥　按，此條清風室本不錄。句見於嚴可均《全上古三代秦漢三國六朝文》
中《傅子·官人》篇，“時文”作“世文”。“夏后氏”，《意林》作“夏后”。

國典之墜，猶位喪也。位之不建，名理廢也。① 《意林》。

高祖定天下，置丞相以統文德，立大司馬以統武事，② 爲二府焉。《藝文類聚·職官部》《廣韻》。

但知管子借耳案，此下疑脫"目"字。于天下，不知堯借人心而後用其耳目。③《意林》。

構大厦者，先擇匠而後簡材；治國家者，先擇佐而後定民。④《意林》。

在金石曰堅，在草木曰緊，在人曰賢。千里一賢，謂之比肩。賢人爲德，體自然也。故語曰："黃金累千，不如一賢。"⑤《藝文類聚·人部》《太平御覽·人事部》。

夫清忠之士，乃千人之表，萬人之英。得其人則事易于反手，不得其人則難于拔筯。《太平御覽·人事部》。

龍舟整楫，王良不能執也；驥騄齊行，越人不能御也，

---

① 按，此條清風室本不錄，嚴可均《全上古三代秦漢三國六朝文》收錄在《傅子》中。

② "以統武事"，清風室本同，《藝文類聚·職官部》《廣韻》均作"以整武事"。

③ 按，此條清風室本不錄，嚴可均《全上古三代秦漢三國六朝文》收錄在《傅子補遺上》中。

④ 按，此條清風室本不錄。《文苑英華》卷三六〇唐太宗《金鏡》中有引，文字略有出入；《太平御覽》文部七錄《金鏡》文字與此同，二書均作"古人云"。此條復見於嚴可均《全上古三代秦漢三國六朝文》中《傅子·授職》篇，"而"均作"然"。

⑤ 按，《藝文類聚·人部》所引無"在金石曰堅，在草木曰緊，在人曰賢。千里一賢，謂之比肩"等句。

各有所能。①《意林》。

伊尹耕于有莘，孰知非夏之野人？呂尚釣于渭濱，孰知非殷之漁者？遇湯、武、文王，然後知其非也。②《意林》。

形之正，不求影之直而影自直；聲之平，不求響之和而響自和；德之崇，不求名之遠而名自遠。③《意林》。

語曰：“士非玉璧，談者爲價。”④《藝文類聚·寶玉部》。

以譽取人，則權勢移于下，而朋黨之交用；以功進士，則有德者未必授，而凡下之人或見任也。君子内洗其心，以虛受人；外設法度，立不易方。今人稱古多賢，患世無人，退不三思，坐語一世，豈不惑耶？⑤《意林》。

公卿大夫刻石作碑，鐫石作虎，碑、虎崇僞，陳于三衢。妨功喪德，異端並起。撞亡秦之鐘，作鄭衛之樂，欲以興治，

---

①　按，此條清風室本不録，嚴可均《全上古三代秦漢三國六朝文》收録在《傅子·補遺上》中。“不能御”，《意林》作“不敢御”。

②　按，此條清風室本不録，嚴可均《全上古三代秦漢三國六朝文》收録在《傅子·補遺上》中。“遇湯、武、文王”，《全上古三代秦漢三國六朝文》同，《意林》作“遇湯、文、武”。

③　按，此條清風室本不録，嚴可均《全上古三代秦漢三國六朝文》收録在《傅子·補遺上》中。

④　按，此條復見於《意林》，后有“談者之口，猶愛憎之心”二句，清風室本同。又，“士非玉璧，談者爲價”，《意林》作“士非璧也，談者謂價耳”。

⑤　按，此條清風室本不録，《意林》自“君子”以下斷爲兩條。嚴可均《全上古三代秦漢三國六朝文》則將其收録在《傅子·補遺上》中，并從“君子”“今人”下斷爲三條。

豈不難哉！①《意林》。

賞不避疏賤，罰不避親貴。貴有常名，而賤不得冒；尊有定位，而卑不敢逾。經之以道德，緯之以仁義，織之以禮法，既成而後用之，謂有孝廉秀才之貢，或千里望風承聲而舉。故任實者漸消，積虛者日長。②《意林》。

夫欲定天下而任小人，猶欲案，《太平御覽》引作"於"。捕麋案，《意林》引作"麞"。鹿而兔苴，不可得也。案，四字從《意林》增。兔苴不能擊麋鹿，猶小人不能任大事。③《意林》《太平御覽·資産部》。

趙堯，錐鑽之吏，能探心致位丞相。④《太平御覽·器物部》。

割地利己，天下讎之；推心及物，天下歸之。以信接人，天下信之；不以信接人，妻子疑之。見疑妻子，難以事君。君子修身居位，非利名也，在乎仁義。⑤《意林》。

---

① 按，此條清風室本不録。嚴可均《全上古三代秦漢三國六朝文》收録在《傅子·補遺上》中，自"撞亡秦之鐘"斷爲兩條。

② 按，此條清風室本不録。嚴可均《全上古三代秦漢三國六朝文》收録在《傅子·補遺上》中，自"貴有常名""經之以道德""謂有孝廉秀才之貢"斷作四條。

③ 按，《意林》所引，無"兔苴不能擊麋鹿，猶小人不能任大事"句；又"猶欲捕麋鹿"之"欲"，《太平御覽》不作"於"，孫星衍按語有誤。"夫欲定天下而任小人"，《意林》作"欲定天下而任小人者"；"而兔苴"，《意林》《太平御覽》均作"而張兔苴"，清風室本與此同。

④ "能探心致位丞相"，《太平御覽》作"能探高祖深心，致位丞相"，清風室本作"能探高祖心"。

⑤ 按，此條清風室本不録，嚴可均《全上古三代秦漢三國六朝文》收録在《傅子·補遺上》中。

人皆知滌其器，莫知洗其心。①《意林》。

君子審其宗而後學，明其道而後行。或云玄、衡以善《詩》至宰相，張禹以善《論》作帝師，豈非儒學之榮乎？傅子曰："學以道達榮，不以位顯。"②《意林》。

面歧路者有行迷之慮，仰高山者有飛天之志。或乘車馬而至秦者，所謂形異而實同也。③《意林》。

辨上下者，莫正乎位；興國家者，莫貴乎人；統內外者，莫齊乎分；宣德教者，莫明乎學。④《意林》。

人之學如渴而飲河，大飲則大盈，小飲則小盈；大觀則

---

① 按，此條清風室本不錄，嚴可均收錄在《傅子·補遺上》中。此條復見於《太平御覽·人事部一七》，引作傅玄語。《太平御覽》與《全上古三代秦漢三國六朝文》"莫知洗其心"前均有"而"字。

② 按，此條清風室本不錄，《意林》、嚴可均《全上古三代秦漢三國六朝文》《傅子·補遺上》均自"或云"後分兩條收錄。又，"或云玄、衡以善《詩》至宰相，張禹以善《論》作帝師，豈非儒學之榮乎？傅子曰'學以道達榮，不以位顯'"在《意林》中文字略有出入，作"傅子曰：'學以道達榮，不以位顯。'或云玄、衡以善《詩》至宰相，張禹以善《論》作帝師，豈非儒學之榮乎？"孫氏所錄不知所據爲何。又，"君子審其宗而後學，明其道而後行"復見於《太平御覽·人事部》，引作"傅子曰"。

③ 按，此條清風室本不錄，嚴可均《全上古三代秦漢三國六朝文》自"或乘"分兩條收錄在《傅子·補遺上》中。"或乘車馬而至秦者"，《意林》作"或乘馬，或乘車，而俱至秦者"，嚴氏所引與此同。

④ 按，此條清風室本不錄，嚴可均《全上古三代秦漢三國六朝文》收錄在《傅子·補遺上》中。又，《意林》此條與前"秉網而目自張，執本而末自從。善賞者，賞一善而天下之善皆勸；善罰者，罰一惡而天下之惡皆除矣"合爲一條，嚴氏則將"秉網而目自張，執本而末自從"單獨列出，與此條分三條而錄之。"辨"，《意林》作"辯"。

大見，小觀則小見。①《意林》。

擬《金人銘》作《口銘》曰："神以感通，心由口宣。福生有兆，禍來有端。情莫多妄，口莫多言。蟻孔潰河，淄川傾山。病從口入，患自口出。存亡之機，開闔之術。口與心謀，安危之源。樞機之發，榮辱隨焉。"②《意林》。

見虎一毛，不見其斑。道家笑儒者之拘，儒者嗤道家之放，皆不見本也。③《意林》。

傅子曰："聖人之道如天地，諸子之異如四時。四時相反，天地合而通焉。"④《意林》。

夫五經則四海也，傳記則四瀆也，諸子則涇渭也，至于百川、溝洫、畎澮。苟能通陰陽之氣，達水泉之流，以四海

---

① 按，此條清風室本不録，嚴可均《全上古三代秦漢三國六朝文》收録在《傅子·補遺上》中。又，此條復見於《藝文類聚·禮儀部》《太平御覽·學部》，均引作傅子語，其文與《意林》略有出入，爲"人之學者，猶渴而飲河海也。大飲則大盈，小飲則小盈"，嚴氏所引同此。"飲河"，《意林》作"飲河海"。

② 按，此條清風室本不録。《太平御覽·人事部》引作"傅子曰"，《事文類聚·肖貌部》亦作傅子語，文字與此大同小異。嚴可均《全上古三代秦漢三國六朝文》收録在《傅子·補遺上》中，相對於《太平御覽》《事文類聚》有所增補，兹録於下："擬《金人銘》作《口銘》曰：神以感通，心由口宣。福生有兆，禍來有端。情莫多妄，口莫多言。勿謂何有，積怨致咎。勿謂不然，變出無間。勿謂不傳，伏流成川。蟻孔潰河，潘穴傾山。病從口入，患自口出。存亡之機，開闔之術。心與口謀，安危之源。樞機之發，榮辱隨焉。""淄川傾山""開闔"出自《意林》，諸書均作"溜穴傾山""開闔"。

③ 按，此條清風室本不録，嚴可均《全上古三代秦漢三國六朝文》收録在《傅子·補遺上》中。

④ 按，此條復見於《太平御覽·人事部》，清風室本不録，嚴可均《全上古三代秦漢三國六朝文》收録在《傅子·補遺上》中。

爲歸者，皆溢也。①《北堂書鈔·藝文部》《太平御覽·學部》。

語曰："能理亂絲，乃可讀《詩》。"余雖無治絲之能，而悟聞《詩》之義。《太平御覽·學部》《藝文類聚·雜文部》。

魯恭王壞孔子舊宅，得《周書》，闕無《冬官》。漢武購千金而莫有得者，遂以《考工記》備其數。《太平御覽·學部》。

禮者，履也，律也，義同而名異。五禮者，吉、凶、軍、賓、嘉也。②《藝文類聚·禮部》《太平御覽·禮儀部》。

《禮》云："繼父服齊衰。"傅子曰："母捨己父，更嫁他人，與己父絶，甚于兩夫也。"又："制服恐非周、孔所制，亡秦焚書以後，俗儒造之。"③《意林》。

《論語》，聖人之至教，王者之大化。《鄉黨》篇則有朝廷之儀、聘享之禮，《堯曰》篇則有禪代之事。《意林》。

楚漢之際，有好事者作《世本》，上録黄帝，下逮秦漢。④《意林》。

---

①　"則四海也""傳記"，《太平御覽》作"則海也""他傳記"。

②　按，此條復見於《北堂書鈔·禮儀部》，與《太平御覽·禮儀部》記載均少"五禮"内容。

③　按，此條清風室本不録。嚴可均《全上古三代秦漢三國六朝文》收録在《傅子補遺》中，文字略異，其中"與己父絶，甚于兩夫也"作"與己父甚于兩絶天也"，《意林》文字與此同。

④　按，此條清風室本不録，嚴可均《全上古三代秦漢三國六朝文》收録在《傅子·補遺下》中。

班固《漢書》因父得成，遂没不言彪，殊異馬遷也。①
《意林》。

吾觀班固《漢書》，論國體則飾主闕而抑忠臣，叙世教
則貴取容而賤直節，述時務則謹辭章而略事實，非良史也。②
《意林》。

夫文采之在人，猶榮華之在草。③《意林》

暐若春華之並發，馥若秋蘭之俱茂。④《意林》。

平子《二京》，文章卓然。《文選·西京賦注》。

夫虛無之談，案，《太平御覽·蟲豸部》引作"太虛元年"，誤。
尚其華藻，無異春蛙秋蟬聒耳而已。⑤《太平御覽·學部》。

夫論事比類不得其體，雖飾以華辭，文以美言，無異錦
繡衣掘株、管弦樂土梗，非其趨也。《太平御覽·布帛部》。

夫解小而引大，了淺而伸深，猶以牛刀割雞，長殳刈薺。

---

① 按，此條清風室本不錄，嚴可均《全上古三代秦漢三國六朝文》收錄在
《傅子·補遺下》中。
② 按，此條清風室本不錄，嚴可均《全上古三代秦漢三國六朝文》收錄在
《傅子·補遺下》中。
③ 按，此條清風室本不錄，嚴可均《全上古三代秦漢三國六朝文》收錄在
《傅子·補遺上》中。"文采"，《意林》、嚴可均皆作"文彩"。
④ 按，此條復見於《北堂書鈔·設官部三一》。清風室本不錄，嚴可均《全
上古三代秦漢三國六朝文》收錄在《傅子·補遺上》中而有增補，兹列如下："間歲
察舉孝廉而上之，皆是九州百郡之士。風異俗殊，所尚不同。暐若春華之並發，馥
若秋蘭之俱茂。進如衆川之朝海，散如雲霧之歸山。"
⑤ 按，"虛無之談"，《太平御覽》并不作"太虛元年"，句中孫氏按語有誤，清
風室本遂删之。"無異春蠅秋蟬聒耳而已"，《太平御覽·蟲豸部六》作"此無異於
春蛙秋蟬聒耳而已"，清風室本與此同。

《太平御覽·菜茹部》。

樹上懸瓠，非木實也；背上披裘，非脊毛也，此似而非。①《意林》。

經巨海者，終年不見其涯；測虞淵者，終世不知其底。故近者不可以度遠也。②《意林》。

九日養親，一日餓之，豈得言孝？飽多飢少，固非孝乎！穀馬十日，一日餓之，馬肥不損，于義無傷，不可同之一日餓母也。③《意林》。

大孝養志，其次養形。養志者，盡其和；養形者，不失其敬。④《意林》。

墨子兼愛，是廢親也；知喪，是忘憂也。⑤《意林》。

傅子云："孟軻、孫卿，若在孔門，非唯游、夏而已，乃

①　按，此條清風室本不錄，嚴可均《全上古三代秦漢三國六朝文》收錄在《傅子·補遺上》中，"木實"作"本實"。

②　按，此條清風室本不錄，嚴可均《全上古三代秦漢三國六朝文》收錄在《傅子·補遺上》中。又，《意林》此條與後文中"若謂黃帝後方有舟檝"條爲一條，其文爲："若謂黃帝後方有舟檝，庖羲之時，長江、大河何所用之？經巨海者，終年不見其涯；測虞淵者，終世不知其底。故近者不可以度遠也。"

③　按，此條清風室本不錄，嚴可均《全上古三代秦漢三國六朝文》收錄在《傅子·補遺上》中，"豈得言孝？飽多飢少"作"寧可言飽多飢少"，"不可同之"作"非可同之"。又，《太平御覽·獸部九》錄傅子語云："傅子曰：'九日養親，一日餓之，寧可言飽？飽多飢少，同爲孝子。穀馬，一日餓之，馬肥不損，於義無傷，非可同之。'"與此大致相同。

④　按，此條清風室本不錄，嚴可均《全上古三代秦漢三國六朝文》收錄在《傅子·補遺上》中。

⑤　按，此條清風室本不錄，嚴可均《全上古三代秦漢三國六朝文》收錄在《傅子·補遺上》中。"知喪"，《意林》《傅子·補遺上》均作"短喪"，"知喪"誤。

冉、閔之徒也。"①《意林》。

聞一善言，見一善事，行之唯恐不及；聞一惡言，見一惡事，遠之唯恐不速。②《意林》。

懸千金于市，市人不敢取者，分定也；委一錢于路，童兒爭之者，分未定也。③《意林》。

檢身止欲，無過于蚓。④ 此志士所不及也。《太平御覽·蟲豸部》。

范蠡，字少伯，楚三戶人也。使越滅吳已後，乘輕舟，游五湖。王令人寫其狀，恒朝禮之。《列仙傳》云："徐人也。"⑤《意林》。

傅氏之先，出自陶唐傅説之後。玄，字休奕。子咸，字長虞，《晋書》有傳。⑥《意林》。

---

① 按，此條清風室本不録，嚴可均《全上古三代秦漢三國六朝文》收録在《傅子·補遺上》中。"孫卿"，《意林》《傅子·補遺上》均作"荀卿"。

② 按，此條清風室本不録，嚴可均《全上古三代秦漢三國六朝文》收録在《傅子·補遺上》中，"遠之唯恐不速"作"遠之唯恐不遠"，嚴氏誤。

③ 按，此條清風室本不録，嚴可均《全上古三代秦漢三國六朝文》收録在《傅子·補遺上》中。又，此條復見於《太平御覽·珍寶部》，"市人不敢取者"作"人不敢取者"。

④ "無"，《太平御覽·蟲豸部》作"莫"。

⑤ 按，此條清風室本不録，嚴可均《全上古三代秦漢三國六朝文》收録在《傅子·補遺下》中。"《列仙傳》"，嚴氏作"《列仙》"。

⑥ 按，此條清風室本不録。嚴可均《全上古三代秦漢三國六朝文》自"陶唐傅説之後"下分作兩條收録在《傅子·補遺下》中。嚴氏認爲，此二條爲傅玄"自叙"，出自其《史通内篇序傳》，並於第二條下按語云："'《晋書》有傳'四字當是校語，誤入正文。"

呂子義，當世清賢士。常往友人處，案，《太平御覽》引作
“有田人，性省”。嫌其設酒食，懷乾糒而往。案，以上又見《北堂
書鈔·飲食部》。主人榮其降，乃盛爲饌。義出懷中乾糒，求一
杯冷水食之。①《太平御覽》“人事部”“飲食部”。

今有呂子義，清賢士。爲率更令，有人就之宿，非其度
數之内。子義燃燭危坐，通曉目不轉睛，膝不移處。②《太平御
覽·人事部》。

呂義爲太子率更令，嚴毅清高。③《北堂書鈔·設官部》。

漢末有管秋陽者，與弟及伴一人避亂俱行。天雨雪，糧
絶。謂其弟曰：“今不食伴，則三人俱死。”乃與弟共殺之，
得糧，達舍。後遇赦，無罪。此人可謂善士乎？孔文舉曰：
“管秋陽愛先人之遺體，食伴無嫌也。”荀侍中難曰：④“管秋
陽貪生殺生，豈不罪邪？”文舉曰：“此伴非會友也。若管仲
啖鮑叔、貢禹食王陽，此則不可。向所殺者，特鳥獸而能言
耳。今有犬嚙一狸，狸嚙一鸚鵡，何足怪也？昔重耳戀齊女

---

① “呂子義，當世清賢士”，《太平御覽·人事部》作“有呂子義，當世清賢士
也”。“常往友人處”，《北堂書鈔·酒食部》作“舊友人，宜往存省”，《太平御覽》
作“有舊人，往存省”，清風室本按語同《太平御覽》。此處文字及按語所據爲何，
不得而知。又，此條《太平御覽》僅見於“人事部”，“飲食部”未見記錄；《北堂書
鈔》並無“飲食部”，孫星衍、錢保塘均誤。
② 按，此條復見於《北堂書鈔·設官部》“太子率更令”條以及《太平御覽》
“職官部四十五”，“率更令”均作“太子率更令”，而無“有人就之宿”後内容。
③ 《北堂書鈔·設官部》引文原爲：“今有呂子義，賢士也。爲太子率更令，
嚴毅清高，非其數度之内。”此處文字略有出入。
④ “曰”，刻本誤作“日”。

而欲食狐偃，叔敖怒楚師而欲食伍參。賢哲之忿，猶欲啖人，而況遭窮者乎？"①《意林》。

積薪若山，縱火其下，火未及燃，一杯之水尚可滅也。及至火猛風起，雖傾河海，不能救也。秦昭王是積薪而縱火其下，始皇燃而方熾，二世風起而怒也。②《意林》。

秦人視山東之民，猶猛虎之睨群羊，何隔憚哉！③《意林》。

始皇遠游並海，而不免平臺之變。及葬驪山，尋見發掘。令有鉛錫之鋌，雖歐冶百鍊，猶不如瓦刃。有駑鈍之馬，雖造父駕之，終不及飛兔絕景，質鈍故也。土不可以作鐵，而可以作瓦。④《意林》。

秦始皇起驪山之冢，使蒙恬築長城，死者相屬。民歌曰："生男慎勿舉，生女哺用餔。不見長城下，尸骸相支柱！"其冤痛如此矣。蒙恬臨死曰："夫起臨洮，屬遼東，城塹萬餘

---

① 按，此條清風室本不錄，嚴可均《全上古三代秦漢三國六朝文》收錄在《傅子·補遺上》中。

② 按，此條清風室本不錄，嚴可均《全上古三代秦漢三國六朝文》與下條並爲一條收錄在《傅子·補遺上》中。"燃"，《補遺》作"然"，"雖傾河海"作"雖傾竭河海"，"始皇"爲"至始皇"。"風起而怒"，《意林》《補遺》均作"起風而怒"。

③ 見前注。

④ 按，此條清風室本不錄，嚴可均《全上古三代秦漢三國六朝文》收錄在《傅子·補遺上》中。又，《意林》自"尋見發掘"下斷作兩條，《補遺》自"尋見發掘""土不可以作鐵"斷作三條。"令""瓦刃"，《意林》《補遺》作"今""瓦刀"。

里，不能不絕地脈。此固當死也。"① 《水經注・河水》《太平御覽・樂部》。

始皇冢令人作機弩，有人穿者即射之。以人魚膏作燭。②《意林》。

漢高祖度闊而網疏，故後世推誠而簡直。光武教一而網密，故後世守常而禮義。魏武糾亂以尚猛，天下修法而貴理。③《意林》。

光武鳳翔于南陽，燕雀化爲鸑鷟。二漢之臣，煥爛如三辰之附長天；長平之卒，磊落如秋草之中繁霜，勢使然也。④《意林》。

傅子曰："諸葛亮誠一時之異人也。治國有分，御軍有法，積功興業，事得其機。入無遺刃，出有餘糧。知蜀本弱

<hr />

① 按，此條《太平御覽・樂部》引作"楊泉《物理論》曰"，"秦始皇"作"始皇"。《意林》又收在"傅子一百二十卷"下，文字略有出入："蒙恬築長城，人不堪苦，白骨山積。乃有歌曰：生男慎勿舉，生女哺用脯。不見長城下，白骨相撐拄。"《太平御覽》《意林》均無"蒙恬臨死"後的內容。清風室本"尸骸相支拄"下有按語云："'脯'，原作'餔'。保塘按：《意林》所引，錯簡入《傅子》，此字作'脯'是也。脯與舉、拄韻，今據改。'支'，《意林》引作'撐'，《玉臺新詠》陳琳《飲馬長城窟行》有此四語，蓋即用當時語也。"

② 按，此條清風室本不錄，嚴可均《全上古三代秦漢三國六朝文》收錄在《傅子・補遺上》中，"塚"作"冢"。"令人作機弩"，《意林》作"令匠人作機弩"，《補遺》同。

③ 按，此條清風室本不錄，嚴可均《全上古三代秦漢三國六朝文》收錄在《傅子・補遺上》中。

④ 按，此條清風室本不錄，嚴可均《全上古三代秦漢三國六朝文》收錄在《傅子・補遺上》中，"繁霜"作"繁露"。

而危，故持重以鎮之。若姜維欲速立其功，勇而無決也。"①
《意林》。

我欲戰而彼不欲戰者，我鼓而進之，若山崩河溢，當其
沖者摧，值其鋒者破。所謂疾雷不暇掩耳，則又誰禦之!②
《意林》。

吳起吮瘡者之膿，積恩以感下也。《史記》云："吳起吮
癰。"晝戰目相見，夜戰耳相聞。得利同勢，失利相救。③《意
林》。

漢末，黃門張讓、段珪等于靈帝幄後相對泣。帝驚問：
"尚復幾時哉？"于是大收諸黨。《太平御覽·服用部》。

黃巾被服純黃，不將尺兵，肩長衣，翔行舒步，所至郡
縣無不從。是日天大黃。《漢書·五行志注》。

世傳有夫死而婦許不嫁者，誓以繡衣襚，以衣尺納諸棺
焉。後三年，婦出適，迎有日矣。有行道人夜求人家宿，晨
向主人語婦約之辭，寄所誓之衣曰："子到千里當逢之，還此

---

①　按,此條清風室本不錄,嚴可均《全上古三代秦漢三國六朝文》收錄在《傅子·補遺上》中,"入無遺刃"作"入無遺力"。

②　按,此條清風室本不錄,嚴可均《全上古三代秦漢三國六朝文》收錄在《傅子·補遺上》中。

③　按,此條清風室本不錄,嚴可均《全上古三代秦漢三國六朝文》收錄在《傅子·補遺上》中,自"晝戰目相見"下另作一条,并附按语云:"《史記》下七字當是校語。""吮癰",《補遺》作"吮臃"。又,後四句語似出自《漢書》晁錯疏:"幼則同游,長則共事。夜戰聲相知,則足以相救;晝戰目相見,則足以相識。驩愛之心,足以相死。"見《漢書》卷四九《袁盎晁錯傳》。

衣焉。"主者出門，到所言處，果見迎車，具以事告，還其繡
衣。婦遂自經而死。①《太平御覽·布帛部》。

　　昔燕趙之間，有三男共娶一女，生四子。後爭訟，廷尉奏
云："禽獸生子逐父，宜以子還母。"尸三男于市。②《意林》。

　　逐兔之犬，終朝尋兔，不失其迹。雖見麋鹿，不暇顧
也。③《意林》。

　　夫醫者，非仁愛不可托也，非聰明理達不可任也，非廉
潔淳良不可信也。是以古之用醫，必選名姓之後，其德能仁
恕博愛，其智能宣暢曲解，能知天地神祇之次，能明性命吉
凶之數，處虛實之分，定逆順之節，原疾疹之輕重而量藥劑
之多少，貫微達幽，不失細微，如是乃謂良醫。且道家則尚
冷，以草木以冷生；醫家則尚溫，以血脈以暖通。徒知其大
趣，不達其細理，不知剛柔有輕重，節氣有多少，進退盈縮
有節□也。名醫達脈者，求之寸口、三候之間則得之矣。度
節氣而候溫冷，參脈理而合輕重，量藥石皆相應，此可謂名
醫。醫有名而不良者，有無名而良者。人主之用醫，必參知

---

　　①　"許不嫁""衣尺""主人語婦約之辭""子到千里"，《太平御覽·布帛部》
作"許以不嫁""衣尸""主人語之婦約之辭""子到若千（干）里"，清風室本同。
"晨向""主者"，清風室本改爲"向晨""或者"，當誤。
　　②　按，此條清風室本不錄，嚴可均《全上古三代秦漢三國六朝文》收錄在
《傅子·補遺上》中。"廷尉奏云"，《意林》作"廷尉延寿奏云"，《補遺》同。
　　③　按，此條清風室本不錄，嚴可均《全上古三代秦漢三國六朝文》收錄在
《傅子·補遺上》中。

而隱括之。①《初學記·政理部》。

凡病可治也，人不可治也。體羸性弱，不堪藥石；或剛暴狷急，喜怒不節；或情欲放縱，貪淫嗜食，此皆良醫不能加功焉。夫君子病也，猶可爲也；必使無病也，不可爲矣。蓋謂節其飲食，量其多少也。《太平御覽·疾病部》。

趙簡子有疾，扁鵲診候，出曰："疾可治也，而必殺醫焉。"以告太子，太子保之。扁鵲領召而入，②入而著履登牀。簡子大怒，便以戟追殺之。扁鵲知簡子大怒則氣通，血脈暢達也。《太平御覽·疾病部》。

穀氣勝元氣，其人肥而不壽。案，二句見《太平御覽·人事部》。元氣勝穀氣，其人瘦而壽。案，二句從《太平御覽·疾病部》引增。養性之術，常使穀氣少，則病不生矣。粱者，黍稷之惣名。句又見《太平御覽·穀部》。稻者，溉種之總名。③菽者，衆豆之惣名。④案，二句見《藝文類聚·穀部》。三穀各二十種，爲六十疏果之實。助穀各二十，凡爲百穀。故《詩》曰"播厥百穀"者，穀種、衆種之大名也。《初學記·寶器部》《太平御覽·穀部》。

───────────

① "細微"，《初學記·政理部》作"細小"；"如是乃謂良醫"，作"如此乃谓良醫"；"以草木以冷生"，作"以草木用冷生"；"有節□"，作"有節卻"。清風室本與平津館本同。
② "領召而入"，清風室本同，《太平御覽·疾病部二》作"頻召不入"。
③ "溉種"，清風室本作"乃粳"，錢保塘據《齊民要術》卷一引文改。
④ "惣"，清風室本作"總"。

稼，借耕也；穡，猶收也，古今之言云爾。稼，農之本；穡，農之末。農本輕而末重，前緩而後急。稼欲少，穡欲多，耨欲緩，收欲速，此良農之務。① 《太平御覽·資産部》。

凡種有強弱，土有高柔。土宜強，高莖而疏粟，長穗而大粒。《初學記·寶器部》。

忿飆焚衣，其損多矣。覆案，《意林》引作“推”。甄而棄之，所害亦多矣。② 《意林》《太平御覽·飲食部》。

恐不知味而唾殘。③ 《一切經音義》三。

聽清濁五聲之和，然後制爲鍾律，取宏農宜陽縣金門山竹爲律管，河內葭爲灰，可謂同氣。④ 《藝文類聚·歲時部》《太平

---

①　按，“稼，借耕也”，未見出處，清風室本據《齊民要術》卷一引《物理論》句首補增“種作曰稼，稼猶種也。收斂曰穡”，而去“稼，借耕也”；“農本輕而末重”，作“本輕而末重”。又“稼，借耕也”，《太平御覽·資産部三》作“稼，借種也，古今之言云”，與此條並非一條，孫星衍誤；“稼，農之本；穡，農之末”，《太平御覽》作“稼，農之末”；“稼欲少”，《太平御覽》作“稼欲少苦”，《齊民要術》作“稼欲熟”且后無“穡欲多，耨欲緩”六字。

②　按，清風室本與此同，清武英殿聚珍版叢書本《意林》文字與此有出入，作：“忿飆焚衣，其損多矣；忿曩之熱，推甄而棄之，損益多。”其中“熱”下有按語云：“案《太平御覽》引《物理論》作‘忿曩之未熟，覆甄而棄之，所害亦多矣’。語意亦通。則‘熱’當爲‘熟’，上增‘未’字。”

③　“殘”，清風室本亦作“殘”，核之日本元文三年（1738）至延亨三年（1746）獅穀蓮社刻本《一切經音義》應作“嗲”，與“濺”形同，當爲“濺”。

④　宏農，當作弘農，爲避乾隆諱改。按，清風室本同此條。《藝文類聚·歲時部下》《太平御覽·時序部一》均無“河內葭爲灰，可謂同氣”之內容，《太平御覽·竹部二》有“楊泉《物理論》曰‘宜陽金門竹爲律管，河內葭爲灰，可謂同氣’”之句，孫氏或據此引文補。“律管”，《藝文類聚·歲時部下》《太平御覽·時序部一》均作“管”。又，王仁俊《玉函山房輯佚叢書》續編本《物理論》亦録此條，注爲《類聚》，但將“後”誤作“而”，“管”誤作“營”，并多出“或云以律著（接下頁注）

御覽·時序部》。

琴欲高張，瑟欲下聲。《文選》顏延年《秋胡詩注》。

化狐作舟。《初學記·器物部》。

若謂黃帝後方有舟檝，庖犧之時長江、大海何所用之？[①]《意林》。

鴻毛一羽，在水而没者，無勢也；黃金萬鈞，在舟而浮者，托舟之勢也。[②]《意林》。

夫工匠經涉河海，爲舳艫以浮大淵，皆成乎手，出乎聖意。[③]《北堂書鈔·舟部》《藝文類聚·舟車部》《太平御覽·舟部》。

（接上頁注）十二辰埋之，上與地平，以灰實律中，以羅縠覆律，氣至則灰動。縠亦動，爲和。大動，君弱臣強。不動，君嚴暴之應"內容，今查《藝文類聚》，並無此內容。王氏本《物理論》其後又據《太平御覽》輯"宜陽金門山竹爲律管，河內葭莩爲灰，可以調律"一條，其下有按語云："俊按，《晋書·律曆志》引楊泉《記》曰：'取弘農宜陽金門山竹爲管，河內葭莩爲灰。'或云：'以律著室中，隨十二辰埋之，上與地平，以竹（當爲葭，《晋書》原文如此，誤——校者）莩灰實律中，以羅縠覆律吕。氣至吹灰動，縠小動爲和，大動君弱臣強，不動君嚴暴之應也。'據此亦《物理論》文，恐《晋志》論（論字當衍——校者）誤'論'爲'記'。"則王氏所引，當從《晋書》而來，誤將"或云后"內容作楊泉《物理論》，王氏誤。

①按，此條清風室本不錄，詳見前"經巨海者"條注。

②按，此條清風室本不錄，《意林》引作《物理論》，嚴可均《全上古三代秦漢三國六朝文》收錄在《傅子·補遺上》中。

③"經"，《太平御覽》作"俓"，"舳"作"舸"；"大淵"，《藝文類聚》作"大川"；"皆成乎手"，《藝文類聚》作"皆成乎巧手"，清風室本作"皆成於巧手"。

指南車，見《周官》，亦見《鬼谷子》先生。①《意林》。

給事中與高堂隆、秦朗爭指南車。二子云："古無此車，記虛言耳。"先生曰："爭虛空言，不及如試之效也。"言于明帝。明帝詔使作之，車乃成。②《意林》。

翻車：先生居在京師，有地作園，而患無水可溉，乃作翻車。令童兒轉之，其功百倍。③《意林》。

金以利用，錢以輕流，此二物飢不可食。④《意林》。

世富錢流，則禁盜鑄錢；世貧錢滯，則禁盜壞錢。⑤《意林》。

夫蜘蛛之羅網，蜂之作巢，其巧妙矣，而況于人乎！故

---

①　按，此條清風室本不錄。《意林》引作《物理論》，原文爲："指南車，見《周官》，亦見《鬼谷子》。先生作。"《意林》所引，語意不通，當有脫訛。孫氏去掉"作"字，看似通達，亦不可解，係沿襲《意林》而誤。此條語句，見於嚴可均《全上古三代秦漢三國六朝文》《傅子·補遺下》據《白氏六帖》八收錄的傅玄《馬先生傳》一文中，其文曰："指南車，見《周官》，亦見《鬼谷子》。先生爲給事中，與常侍高堂隆、驍騎將軍秦朗論於朝，言及指南車。二子謂：'古無指南車，記言之虛也。'先生曰：'古有之，未之思耳。夫何遠之有？'二子哂之曰：'先生名鈞，字德衡。鈞者，器之模，而衡者所以定物之輕重。輕重無準而莫不模哉！'先生曰：'虛爭空言，不如試之易效也。'于是二子遂以白明帝，詔先生作之，而指南車成。"由此可知此條與下條應是同一條，《意林》作兩條，誤。

②　詳見上注。"不及如試之效也"，《意林》作"不如試之效也"。

③　按，此條清風室本不錄，《意林》引作《物理論》，內容與傅玄《馬先生傳》相同，而文字略異，傅文曰："都城內有地，可以爲園，患無水以溉，先生乃作翻車，令童兒轉之而灌水自覆，更入更出，其功百倍于常。"詳見嚴可均《全上古三代秦漢三國六朝文》中《傅子·補遺下》。"有地作園"，《意林》原作"城內有地作園"。

④　按，此條清風室本不錄，《意林》引作《物理論》，嚴可均《全上古三代秦漢三國六朝文》收錄在《傅子·補遺上》中。

⑤　按，此條清風室本不錄，《意林》引作《物理論》，嚴可均《全上古三代秦漢三國六朝文》收錄在《傅子·補遺上》中。

工匠之方圓規矩出乎心，巧成于手，非睿敏精密，孰能著勛形成器用哉？①《太平御覽·藝術部》。

古有阮師之刀，天下之所寶貴也。初，阮之作刀，受法于金精之靈。七月庚辛，見金人于冶監之門，其人光色煒燿。向神再拜，神執其手曰："子可教也。"阮致之，開宴設饌而問焉。神教以水火之齊，五精之陶，用陰陽之候，取剛柔之和。行其術，三年作刀千七百七十口，②而喪其明。其刀平背狹刃，方口洪首，截輕微不絕絲髮之系，斫堅剛無變動之異，世不吝百金精求，不可得也。其次有蘇家刀，雖不案，下有闕字，亦一時之利器也。次有陽紀趙青閒，皆不能繼。③《太平御覽·兵部》。

古有阮師之刀、蘇家之楯，皆爲良工利器，時所寶貴也。夫刀者，身之寶也；楯者，身之衛也，禦難之藩牆，守□之城池也。④《太平御覽·兵部》。

---

① 按，此條復見於《意林》，引作《物理論》。又，清風室本條后有按語云："保塘按：首四句《意林》引作《傅子》，云：'蜘蛛作羅，蜂之作窠，其巧亦妙矣，況復人乎！'"則《意林》有自相矛盾處。"方圓規矩"，《太平御覽》作"方規圓矩"；"非睿敏精密，孰能著勛形成器用哉"，作"迹非睿敏精密，孰能著勛成形，以周器用哉"。

② "百"，刻本原誤作"日"，今據清風室本改。

③ 按，此條亦見於《北堂書鈔·武功部十一》《藝文類聚·軍器部》，均引作《物理論》語，文字略有出入。"初"，《太平御覽》無；"金人"作"金神"，"向神再拜"作"向神而再拜"，"剛柔"作"剛軟"；"雖不"，《太平御覽》作"雖不及阮家"。

④ "守□之城池也"，清風室本亦如此，核以《太平御覽》，並無闕文。

幽州之騎，冀州之刀，勁悍之士。①《文選·陽給事誄注》。

天下之害，莫害于女飾。一頭之飾，盈千金之價。婢妾之服，亦重四海之珍。②《意林》。

馬先生綾機：先生名鈞，字衡，天下之名巧也。綾機本五十縱五十籥，六十縱六十籥。先生乃易二籥，奇文異變，因感而作，自能成陰陽無窮也。③《意林》。

西國胡言蘇合香是獸便。中獸便而臭，忽聞西極獸便而香，則不信矣。④《意林》。

---

① "刀"，四部叢刊影宋本《六臣注文選》作"弓"。

② 按，此條清風室本不錄，《意林》引作《物理論》，嚴可均《全上古三代秦漢三國六朝文》收錄在《傅子·補遺上》中。"一頭之飾"《補遺》作"盈一頭之飾"，"盈"字衍。

③ 按，此條清風室本不錄，《意林》引作《物理論》，《太平御覽·工藝部九》引爲《馬鈞別傳》，內容與此大致相類，其文曰："《馬鈞別傳》曰：'鈞(鈞)字德衡，扶風人。巧思絶世，不自知其爲巧也。居貧。舊綾機五十綜者五十躡，六十綜者六十躡。鈞乃易以十二躡，其奇文異變，因感而作，猶自然而成，形陰陽之無窮。'"又，嚴可均《全上古三代秦漢三國六朝文》將此文收錄在《傅子·補遺下》，而有所增補，茲略錄於下："馬先生鈞，字德衡。少而游豫，不自知其爲巧也。當此之時，言不及巧焉……居貧，乃思綾舊機之變，不言而世人知其巧矣。綾機五十綜者五十躡，六十綜者六十躡。先生患其喪功費日，乃皆易以十二躡。其奇文異變，因感而作者，猶自然之成，形陰陽之無窮。"

④ 按，此條清風室本不錄，《意林》引作《物理論》，《法苑珠林》卷四九引作"傅子曰：'西國胡言：蘇合香者，獸所作也。'中國皆以爲怪"。《太平御覽·香部二》亦云："傅子曰：'西國胡人言：蘇合香，獸便也。'中國皆以爲怪。"嚴可均《全上古三代秦漢三國六朝文》據此收錄在《傅子·補遺上》中，文字略有出入："西國胡人言：'蘇合香者，是獸便所作也。'中國皆以爲怪。獸便而臭，忽聞西極獸便而香，則不信矣。"

附録一　《意林·物理論》未收條目

青與赤謂之文，赤與白謂之章，白與黑謂之黼，黑與青謂之黻，五彩謂之繡。①

漢世賤輜車而今貴之。②

---

① 按，此條清風室本不録，《意林》引作《物理論》，嚴可均《全上古三代秦漢三國六朝文》收録在《傅子·補遺上》中。又，此條復見於《太平御覽》卷第六百九十"服章部七"，作《環濟要略》："《環濟要略》曰：'天子龍冕，諸侯黼，大夫黻。白與黑謂之黼，黑與青謂之黻，青與赤謂之文，赤與白謂之章，五色備謂之繡。諸侯去日月星辰，服山龍華蟲；卿大夫去山龍華蟲，服藻火服粉米。'"

② 按，此條清風室本不録，《意林》引作《物理論》，嚴可均《全上古三代秦漢三國六朝文》收録在《傅子·補遺上》中。又，《太平御覽·車部四》"輜車"條下引作"傅子曰"，文字略異且有脱訛，作："傅子曰：漢世賤人乘輜。則貴人。"

附録二　清風室本《物理論》序言

　　余輯録《傅子》，並據周氏廣業、嚴氏可均之説，謂《意林》所載《傅子》《物理論》互有錯簡，因取《物理論》四十餘條附《傅子》後，復取孫氏《物理論》輯本校之，去其誤收《傅子》數十條，以《齊民要術》《五行大義》《天中記》所引略加補正，而以《意林》錯入《傅子》者八條附録焉。

　　《北堂書鈔》六十三引《晋録》："會稽相朱則上書，言'楊泉清操自然，徵聘，終不就'，詔拜泉郎中。"《藝文類聚》有楊泉《五湖賦》《贊善賦》《蠶賦》《織機賦》《草書賦》，或稱吴，或稱晋。《初學記》引《五湖賦》又稱西晋。泉蓋由吴歷晋，初徵拜郎中，終不應命，故《隋書·經籍志》稱曰"徵士"，又曰"處士"。雖與傅休奕同時，然一居西北，一居東南，一身爲朝臣，一栖志山澤，趣尚既異，蹤迹亦殊。各以所見著書，本不相謀。乃《意林》載《物理論》引休奕語多至數十條，且稱之曰"傅子"，未必然已。此亦可爲錯簡之一證。泉既由會稽相上言，論中亦言"昔在會稽"云云，是泉本會稽人。《隋志》稱爲梁國人，疑指世里居，未必吳平後北遷梁國也。第周氏言"《物理論》見引他書，搜輯遺文，去其重複，得三千餘字"，知尚有遺佚，惜未得周氏輯本一勘之也。

光緒八年七月海寧錢保塘序於定遠官廨。

附録三　清風室本《物理論》多出條目

正月望，夜占陰陽，陽長即旱，陰長即水。立表以測其長短，審其水旱。表長二尺。[1] 月影長二尺以其大旱，[2] 二尺五寸至三尺，小旱。三尺五寸至四尺，調適，高下皆熟。四尺五寸至五尺，小水。五尺五寸至六尺，大水。月影所極，則正面也。立表中正，乃得其定。保塘據《齊民要術》三引增。

正月朔旦，四面有黃氣，其歲大豐，此黃帝用事，土氣黃均，四方並熟。有青氣，雜黃氣，有螟蟲。赤氣，大旱。黑氣，大木。[3] 正朔占歲星，上有青氣，宜桑；赤氣，宜豆；黃氣，宜稻。保塘引《齊民要術》三增，原應《御覽》未全。

司口神，一名滄耳。[4] 保塘據《淵鑒類函》一百二十五引增。

---

[1]　"表長二尺"，《四部叢刊》影明抄本《齊民要術》作"表長丈二尺"。

[2]　"月影長二尺以其大旱"，《四部叢刊》影明抄本《齊民要術》作"月影長二尺者以下大旱"。

[3]　"大木"，《四部叢刊》影明抄本《齊民要術》作"大水"，此處誤。

[4]　按，此條見於《淵鑒類函》卷二二五"武功部二十"下，"司口神"作"司刀神"，錢保塘誤。潘國欣認爲此條應非《物理論》原文，可備一説。詳見其論文《錢保塘輯本〈物理論〉訂補》，《古典文獻研究》（第十三輯）。

　　月，陰之精。其形也圓，其質也清。禀日之光而見其體，日不照則謂之魄。故月望之日，日月相望，人居其間，[①] 盡睹其明，故形圓也。二弦之日，日照其側，人觀其勢，[②] 故半照半魄也。晦朔之日，日照其表，人在其裏，故不見也。保塘據《開元占經》十一增。

　　凡無名之星一見一不見，唯二十八宿度數有常，故曰恒星。保塘據《開元占經》七十六增。

_____

　① "人居其間"，文淵閣《四庫全書》本《開元占經》作"人居間"。
　② "人觀其勢"，文淵閣《四庫全書》本《開元占經》作"人觀其旁"。

附録四　清風室本附録

　　周氏廣業《意林注》、嚴氏可均校《意林》，均以《意林》所載傅子《物理論》互有錯簡。保塘按，《物理論》首二條《太平御覽》正引作《物理論》，三四條嚴氏據《道藏》本謂是《物理論》原文，五條以下均是《傅子》。今從其説，以前四條仍録入本卷，餘悉入之《傅子》。《意林》載《傅子》十二條，"黃金累千""士非玉璧"二條見《藝文類聚》，"蜘蛛"一條見《御覽》，"長城"一條見《水經·河水注》，正引作《物理論》，已録入本卷。餘七條疑亦皆《物理論》文，第中有一條《御覽》引作"卞子"，一條又引作"秦子"，今無可校正，姑附録焉。

　　木大者發越，小者敷揚。土是人之母也，故人有戀土之心。

　　買鄰人價貴宅。宅可買，鄰不可得也。

　　冠桀之冠，行桀之行，是桀也；服桀之服，行堯之行，是堯也。處市井之肆，服君子之服，在小人之中，行賢哲之事，猶夜行佩珠玉也，亦灼然矣。

人而無廉，猶衣服之無殺，食味之無酸鹹。

郭林宗謂仇季智曰：“子嘗有過否？”季智曰：“暮《御覽》作“吾嘗”二字。飯牛，牛不食，搏牛一下。”[1]《事類賦·牛賦注》、《御覽》八百九十九均引作“卞子”。

智慧多則引血氣，如燈火之於脂膏。炷大而明，明則膏消；炷小而暗，暗則膏息。息則能長久也。《御覽》八百七十引作“秦子”，“之於脂”作“消”字，“明”作“朗”。[2]

雄聲而雌視者，虛僞人也；氣急而聲重者，敦實人也。[3]

作黃金者，是方士取草屑合金燒之，故草屑燃，金落下。

[1] “搏牛一下”，《事類賦·牛賦注》作“一搏牛耳”。

[2] “之於脂膏”，《四部叢刊》影宋本《太平御覽》作“消暗膏”，而非“消”字；“膏息”作“息膏”，“息則能長久也”作“至久也”。

[3] 此條亦見於唐李筌《太白陰經》卷三“雜儀類”《鑑人篇》下，“雄聲而雌視”作“雄聲雌視”，“敦實”作“真實”，詳見清初汲古閣抄本。

素履子校注

整理説明

　　《素履子》三卷，唐張弧撰。張弧，《唐書》無傳，里貫無考，舊題唐末官"將仕郎試大理評事"。

　　張弧的著作，除《素履子》外，據宋晁説之《傳易堂記》説：《子夏易傳》爲其僞著。然"説《易》之家，最古者莫若是書。其中僞中生僞，至一至再而未已者，亦莫若是書"（《四庫全書總目》）。學界公認，唐前之《子夏易傳》已是托名子夏之僞作，若誠如晁氏之説，則唐時流行之《子夏易傳》又多一僞本。"朱彝尊《經義考》，證以陸德明《經典釋文》、李鼎祚《周易集解》、王應麟《困學紀聞》所引，皆今本所無。德明、鼎祚猶曰在張弧以前，應麟乃南宋末人，何以當時所見與今本又異？然則今本又出僞托，不但非子夏書，亦並非張弧書矣。"（《四庫全書總目》）

　　《素履子》凡十四篇，道、德、忠、孝、仁、義、智、信、禮、樂、富貴、貧賤、平、危諸字前，皆冠以"履"字，構成篇名。《四庫全書總目》謂"其詞義平近"，"不能與漢魏諸子抗衡"。就篇名亦可大致想見其"平近"之內容，通

133

讀全書，更知《總目》之説實爲中肯：其所述論，常理外確無精深之特見。此大概亦是其"不甚顯於世"，"宋濂作《諸子辨》亦未之及"，《新唐書·藝文志》、晁公武《郡齋讀書志》、陳振孫《直齋書録解題》、尤袤《遂初堂書目》皆不著録，僅見於鄭樵《通志·二十略·藝文略》《宋史·藝文志》之原因吧！

《四庫全書總目》謂《素履子》"蓋亦儒家者流"，這是就其思想内容的基本傾向而言的。我們知道，唐乃三教並重之時代，生當其時的張弧不容不受時代風氣之影響。事實上，其首篇《履道》之"道"本身便有《老子》"道可道，非常道""有物混成，先天地生"之意。又《素履子》引道書、《老子》者亦不止一二處，此亦當是其被收入《道藏》之原因。任繼愈主編《道藏提要》謂《素履子》"蓋以踐履忠、孝、仁、義等道德爲主，受儒家思想影響甚深"（中國社會科學出版社 1991 年版，第 467 頁），正説明了其雖爲道教典籍，實含有大量儒家之思想成分這一事實。

用典多，亦是《素履子》一重要特點。全書用典 70 餘處，有的句子甚至就是用典故堆成的，如"召四皓而迴惠帝，抱幼主而朝諸侯。亦有卧尸、折檻之士，碎首、投鑊之臣"等。

引文多，且多引常見之典籍，是《素履子》又一突出特點。6000 字多一點的篇幅，引原文或明謂"《詩》曰"

"《易》曰",或徑引而不加標示者,計有60餘處。其中引用最多的是《論語》,共16次,涉及《論語》的《顏淵》《衛靈公》《憲問》《述而》《爲政》《子張》《里仁》《季氏》《泰伯》等九篇。所引他書,除"子房《素書》"稍偏,餘皆常見之儒、道典籍。

現傳世之《素履子》皆爲叢書本。計有《道藏》本、《范氏奇書》本、《四庫全書》本、《函海》本(又有乾隆本、道光本、光緒本等)、《廿二子全書》本、《子書百家》本、《百子全書》本、《子書四十八種》本、《道藏舉要》本、《叢書集成初編》本、《藝海珠塵》本、《養素軒叢録》本等12種。其中除《養素軒叢録》本爲兩卷外,餘皆爲三卷。

《道藏》本即明正統本,是現知傳本中最早者。明英宗朱祁鎮正統十年(1445),《正統道藏》刊刻完竣,計有5305卷,以《千字文》爲函目,起"天"字至"英"字,共480函。《素履子》在"甚"字函——302函。明神宗朱翊鈞萬曆三十五年(1607)張國祥輯刊成《續道藏》,共180卷,亦以《千字文》爲函次,上接《正統道藏》,起"杜"字至"纓"字,共32函。正、續《道藏》刊成,頒藏全國名山宮觀,北京白雲觀獲藏一部。1923年至1926年,上海涵芬樓借用北京白雲觀藏本影印出版。1988年,文物出版社、上海書店、天津古籍出版社又依涵芬樓影印本,再據上海白雲觀舊藏明刊本補校影印出版《道藏》,精裝16開36冊。《素履子》在 21 冊第 701—706 頁。《道藏舉要》本亦是影明本，可知二者是同一版本系統。

　　其次是《范氏奇書》本，乃明嘉靖進士、著名藏書家范欽所手訂，"世知寶貴"（《叢書集成初編目録·叢書百部提要目録·明代二十一部·范氏二十一種奇書》，中華書局 1983 年版）。據李調元（清乾隆癸未進士，《函海》輯刊者）《素履子序》"今本系明范欽校刻者，其中亦頗有訛錯，因再爲讎校以壽世"，知《函海》本乃據《范氏奇書》本所重新"讎校"者。而湖北崇文書局光緒間開雕《子書百家》時所據即《函海》本（見於正文前的李調元《素履子序》被稱爲"原序"），民國八年（1919）上海掃葉山房石印《子書百家》時，更其名爲《百子全書》。是知《范氏奇書》—《函海》—《子書百家》—《百子全書》所收爲同一版本系統。

　　其次是《四庫全書》本，據《四庫全書總目》卷九一"《子部·儒家類·素履子》三卷"后的小字注"兩淮馬裕家藏本"看，似是與《道藏》《范氏奇書》系統不同之單刻本。

　　其次是清乾隆時吳省蘭輯刊之《藝海珠塵》本，亦即商務印書館《叢書集成初編》所據之底本："本館《叢書集成初編》所選《范氏二十一種奇書》《藝海珠塵》《函海》皆收有此書。《范氏》本殘缺，《函海》本多譌誤，故據《藝海》本排印。"（《叢書集成初編》五三四《周生烈子》《傅子》《中説》《伸蒙子》《素履子》，商務印書館 1940 年初版，

1959 年補印《素履子》正文前之"説明"。《叢書集成初編目録·凡例》云"其一書分見數叢書者，則汰其重複"，"詳略不一者，取最足之本"。）

此外，《廿二子全書》爲清道光本；《養素軒叢録》抄本，雖知爲清人所輯，但由於輯者佚名，已無從確定其具體時段；《子書四十八種》乃民國九年（1920）石印者。

我們現在之所以還能够看到不止一個版本的《素履子》，自是前人輯入叢書、刊印"壽世"之結果。尤爲可貴的是，這些先賢在編印叢書以廣流布時，大都報以嚴肅認真之態度，或精選底本，或"再爲讎校"，或添以句讀，這些工作無論是對保存前人著述原貌，還是對後人的學習研究而言，都可以説是功莫大焉。但毋庸諱言的是，由於主客觀條件的限制，前賢們在輯印《素履子》時，今天看來亦皆有不如人意處。如李調元《函海》所用底本即是"頗有訛錯"的《范氏奇書》本而非最早之《道藏》本。其所用之校本雖未明言，但亦非《道藏》本則是肯定的，因爲其以"監司畿輔"之便利條件，所得以寓目、倩胥抄録者皆內府藏書副本。又如，商務印書館的《叢書集成初編》稱："《范氏》本殘缺，《函海》本多謬誤，故據《藝海》本排印。"如果就《初編》所收含有《素履子》的三部叢書而言，《藝海》本可能是最好的，但若就《素履子》本身來説，《道藏》本之價值顯然高於《藝海》本。

自《素履子》問世迄今，尚未見有人做系統深入的整理，此次校注，是首次對《素履子》校勘、標點加注釋。

在古籍整理過程中，發現有訛、脫、衍、倒的文字自是情理之中的事情。此次的《素履子》校注，對發現的問題儘管已隨篇注出，然因前人均未對該書進行過系統深入的研究和整理，《履樂》篇中諸本皆無，而筆者以爲當有的一處文字，仍不能不特別拿來以質證於讀者。其原文是：

……五音之用也，五行之音以調正氣。春之角，以其清浊中，人之象。春氣和則角聲調。《樂記》曰"角亂則憂，其民怨"也。夏之徵，以其徵清，事之象也。夏氣和則徵聲調。《樂記》曰"徵亂則哀，其事勤"也。季夏之宮，以其嚴大。《樂記》曰"宮亂則荒，其君驕"也。秋之商，以其濁中次宮，臣之象也。秋氣和則商聲調。《樂記》曰"商亂則陂，其臣壞"也。冬之羽，以其嚴清，物之象也。冬氣和則羽聲調。《樂記》曰"羽亂則危，其財匱"也。此五音八聲之用也，所以人情不能免也。

"季夏之宮，以其嚴大"之"嚴"原作"最"，據"百家本""叢書本""四庫本"改。筆者以爲"以其嚴大"之下應有"君之象也。季夏氣和則宮聲調"。因爲"春之角，以其清濁中"爲"人之象"; "夏之徵, 以其徵淸"爲"事之象"; "秋之商, 以其濁中次宮"爲"臣之象"; "冬之羽, 以其嚴淸"爲"物之象", 且皆先謂"某聲調"再接"《樂記》曰"。又據《禮記·樂記》"宮爲君, 商爲臣……宮亂則荒, 其君驕。商亂則陂, 其官壞"來看, 亦應有"君之象也。季夏氣和則宮聲調"。不知諸君以爲然否?

此次校注選用的底本是: 文物出版社、上海書店、天津古籍出版社 1988 年影印《道藏》所收《素履子》。校本是:《子書百家》本 (簡稱 "百家本")、《叢書集成初編》本 (簡稱 "叢書本")、《景印文淵閣四庫全書》本 (簡稱 "四庫本")。

卷　上

將仕郎試大理評事賜排魚袋張弧　撰

履　道①

素履子曰：道本無名，無名居天地之始，天地之始號曰混元，②混元之初，無形無象，既分二儀，③能生萬象，④故云之謂道。

初自混漠，⑤三皇依之設教，⑥五帝依之置治。⑦始於一化，淳朴自然，將明寒暑之期，遂分陰陽之序。上古聖人履之，無言無教，無心於物，物來歸之；不教於民，民皆仰之，此則履純朴皇道也。畫卦之主，⑧嘗草之君，⑨皆履之而化成。至於服牛乘馬，⑩履之而去強暴，用之而除民害。顓頊履之於忠順，帝嚳履之於清和，唐堯履謙順之道而垂裳，⑪虞舜履孝悌之道而授讓，⑫此履帝道也。禹行勤儉之道而治水，湯能恭敬而感天，⑬西伯以至德而稱尊，⑭武王以孝道而去虐，⑮此聖人以王道設教。⑯使老有所終，壯有所用，幼有所長，鰥寡孤獨廢疾者皆有所養，男有分，女有歸，此以道治世之化也。

至於黄老，[17]唯尚朴而不文，素王亦歸之於純素。[18]莫不去華飾而作教，捨文艷以歸真。"不尚賢，使人不爭。不貴難得之貨，使人不盜。"[19]責山節藻梲之宇，[20]尚卑宫菲食之君。[21]《道德經》云：[22]"吾有三寶，保而持之。一曰慈，二曰儉，三曰不敢爲天下先。"[23]此則履道之源也。兼曰："吾有大患，爲吾有身，及吾無身，吾有何患？"[24]此則至道者亡身，履象外之道也。至於餐霞食氣，[25]塞兑轉丸，[26]履離塵之道也。昔鸱夷子在俗，教民種植持生之道，竟乘舟而去。[27]嚴真人卜肆，教人忠孝之道，乃拔宅飛升。[28]此乃大道不器，在物皆有。知道不虚行，物有玄應。[29]不在高臺廣廈之間，東林西域之内。近代淮南高公置延和閣求道，非也。[30]

立身行道之本，未若君睦臣忠，父慈子孝，兄友弟恭，夫順妻貞，勤儉於家，忠良於國。昔夏、殷、文、武，[31]得道而昌；桀、紂、幽、厲，[32]失道而亡。夫如是，道不可捨。得之則昌，失之則亡。故聖人愛人惠俗，施德保位者也。人之於道，如魚之在水，魚失水則亡，人失道則喪。牢籠萬象，[33]以道治之，謂之大道。[34]欲昌其身，宜履而行之，明矣。

【校注】

①履道：履：踐履，施行。道：本篇含義多樣，或指形上的道體，如"道本無名"；或指自然規律，如"明寒暑之期，分陰陽之序"的淳朴自然之道；或指方法，如"教民種植持生之道"；或指道德精神，如

忠順、清和、孝弟、勤儉等；或指道路、途徑，如"象外之道""離塵之道"等，不一而足，須據具體語境加以理解。履道之"道"，通觀全篇，當爲大道、正路。所謂"履道"，即遵行正道。《易·履·九二》："履道坦坦，幽人貞吉。"《文選》卷五六：曹子建《王仲宣誄》："世祖撥亂，爰建時雍。三台樹位，履道是鍾。"

② 混元：也即下文之"混漠"，指天地未分時的混沌狀態。故云"天地之始""無形無象"。《道德經》第二十五章："有物混成，先天地生。寂兮寥兮，獨立不改，周行而不殆，可以爲天下母。吾不知其名，字之曰'道'，強爲之名曰'大'。"

③ 二儀：天地。《易·繫辭上》："是故易有太極，是生兩儀。"《疏》："不言天地而言兩儀者，指其物體。"

④ 萬象：萬物。《道德經》第一章："無名，天地之始；有名，萬物之母。"四十章："天下萬物生於有，有生於無。"四十二章："道生一，一生二，二生三，三生萬物。"

⑤ 混：原作"龍"，據"百家本""叢書本""四庫本"改。

⑥ 三皇：古代傳說中的帝王。説法不一，通常稱伏羲、燧人、神農爲三皇。從下文看，這裏當指伏羲、神農、黃帝。

⑦ 五帝：傳説中古代的五位帝王。説法不一：《易·繫辭下》謂伏羲、神農、黃帝、堯、舜爲五帝。此説顯然與上下文不合。《大戴禮·五帝德》《史記·五帝本紀》等謂五帝爲：黃帝、顓頊、帝嚳、堯、舜。此外，尚有謂少昊、顓頊、高辛、堯、舜爲五帝或天上五方之帝爲五帝者。揆諸上下文，諸説中唯《史記》等説於此比較吻合，只是黃帝爲一身二任：既是三皇之一又爲五帝之首。以下相關詞目不再出注。

⑧ 畫卦之主：指伏羲，亦作"包犧""宓羲"等。舊傳八卦是伏羲創造的。

⑨ 嘗草之君：指神農。傳説他曾親嘗百草，發明醫藥。

⑩ 服牛乘馬：服：原作"伏"，據"百家本""叢書本""四庫本"改。據傳黃帝馴服牛馬，借畜力代人勞作。《易·繫辭下》："服牛乘馬，引重致遠以利天下，蓋取諸《隨》。"《新唐書·王求禮傳》："自軒轅以來，服牛乘馬。今輦以人負，則人代畜。"

⑪ 唐堯：即五帝中的堯。據說姓伊祁，名放勳，號陶唐氏，簡稱唐堯。垂裳：即垂衣裳。《易·繫辭下》："黃帝、堯、舜垂衣裳而天下治，蓋取諸乾坤。"

⑫ 虞舜履孝弟之道而授讓：虞舜：即五帝之舜，姚姓，有虞氏，故稱虞舜。履孝弟之道：《史記·五帝本紀》載："舜父瞽叟盲，而舜母死。瞽叟更娶妻而生象，象傲。瞽叟愛後妻子，常欲殺舜，舜避逃；及有小過，則受罪。順事父及後母與弟，日以篤謹，匪有解。"弟：原作"悌"，据"百家本""叢書本""四庫本"改。授讓：即禪讓。據說堯"立七十年得舜"，經過對舜多方面考察滿意後，到了晚年便把帝位禪讓於舜。後來，舜以兒子商均不肖，大禹治水有功，又禪位於禹。

⑬ 湯：商代的開國之君成湯。

⑭ 西伯：西方諸侯之長，指周文王姬昌。

⑮ 武王：周武王姬發。其牧野一戰推翻了殷紂的統治，建立西周王朝。

⑯ 王道：儒家提出的君王以仁義治天下、以德政安撫臣民的政治主張。與"霸道"相對稱。《尚書·洪范》："無偏無黨，王道蕩蕩。"

⑰ 黃老：皇帝與老子的簡稱。因道家奉黃、老爲始祖，故亦稱道家爲黃老。《論衡·自然》："賢之純者，黃老是耶。黃者黃帝也，老者老子也。"

⑱ 素王：主要有三個義項：一指遠古帝王；二指有帝王之德而未居其位的人；三指孔子。漢王充《論衡·定賢》："孔子不王，素王之業在《春秋》。"後世儒家便專以"素王"稱孔子。此處當指遠古帝王。

⑲ "不尚賢"四句：與《老子》第三章"不尚賢，使民不爭；不

貴難得之貨，使民不爲盜；不見可欲，使民心不亂"大同小異。

⑳ 山節藻梲：雕成山形的斗拱和畫著水藻的梁上短柱。節，柱上斗拱。梲，梁上短柱。《論語·公冶長》："臧文仲居蔡，山節藻梲，何如其知也?"

㉑ 尚卑宮菲食之君："四庫本"同。"百家本""叢書本""君"皆作"嗇"。按《論語·泰伯》："子曰：'禹，吾無間然矣。菲飲食而致孝乎鬼神，惡衣服而致美乎黻冕，卑宮室而盡力乎溝洫'。"以作"君"是。

㉒《道德經》：即《老子》，道家學派的重要典籍。

㉓ "吾有"五句：見《老子》第六十七章，只是"保而持之"作"持而保之"。

㉔ "兼曰"語：《老子》第十三章作"吾所以有大患者，爲吾有身，及吾無身，吾有何患?"

㉕ 餐霞食氣：道教修煉之術。餐霞：服食日霞。司馬相如《大人賦》："呼吸沆瀣兮餐朝霞。"食氣：《淮南子·地形》："食氣者神明而壽，食穀者知惠而夭。"

㉖ 塞兌轉丸：道教修煉的方法。塞兌：堵上嗜欲的孔竅。《易·說卦》："兌爲口。"引申凡孔竅皆可云"兌"。《老子》第五十二章："塞其兌，閉其門，終身不勤。"轉丸：不詳。

㉗ "昔鴟夷子"三句：鴟夷子：春秋時期越國范蠡。《史記·越王勾踐世家》載：范蠡輔佐勾踐滅吳之後，知其不可共安樂，乃浮海出齊，變名姓，自謂鴟夷子皮，後人省稱鴟夷子。如唐李白《古風》之十八："何如鴟夷子，散髮棹扁舟?"持："百家本""叢書本"同，"四庫本"作"治"。

㉘ "嚴真人"三句：嚴："百家本""叢書本""四庫本"均作"羅"。嚴真人：當指西漢蜀人嚴遵，即嚴君平。《漢書·王貢兩龔鮑傳》："君平卜筮於成都市，以爲'卜筮者賤業，而可以惠衆人。有邪

惡非正之間，則依蓍龜爲言利害。與人子言依於孝，與人弟言依於順，與人臣言依於忠，各因勢導之以善，從吾言者，已過半矣'。裁日閱數人，得百錢足自養，則閉肆下簾而授《老子》。……君平年九十餘，遂以其業終。"拔宅飛升：典出《太平廣記》卷十四引《十二眞君傳·許眞君》："眞君以東晉孝武帝太康二年八月一日，於洪州西山，舉家四十二口，拔宅上飛而去。"張弧旣謂嚴眞人"拔宅飛升"，知弧時有此一說。

㉙ 玄："四庫本"同，"百家本""叢書本"均作"元"。

㉚ "近代"至"非也"十四字：爲全書唯一注文。何人所注？淮南高公是何許人？待考。

㉛ 夏、殷、文、武：即夏禹、商湯、周文王、周武王，皆儒家標舉的有道明君。

㉜ 桀、紂、幽、厲：即夏桀、殷紂、周幽王、周厲王，皆史上所載之昏君。

㉝ 牢籠：包羅。《淮南子·本經訓》："秉太一者，牢籠天地，彈壓山川，含吐陰陽，伸曳四時，紀綱八極，經緯六和。"

㉞ "謂之大道"之"謂"：原作"爲"，據"百家本""叢書本""四庫本"改。

履　德①

素履子曰：太上貴德。德者，衆善所歸，百福所集。昔舜有羶德，而人歸之如蟻。羶不慕蟻，而蟻慕羶；舜不慕民，而民慕德。文王爲西伯，三分天下，歸周者二。西伯之德，猶種竹以待禽。竹不慕禽，禽爲鸇所逐而自來投竹；②周不慕民，民爲紂所虐而自來投周。是知德可施，而虐不可肆。

常以好生之德，洽於民心，③誕敷文德，④遠方來格。⑤故古昔帝王，皆立德以垂教。五行，⑥五帝在木曰木德，在火曰火德，在土曰土德，在金曰金德，在水曰水德。五行相生，遞相爲德。⑦所以水、火、金、木、土、穀，正德，利用，厚生，謂之九功，⑧立教於萬祀，此德之用也。德之施也，無名在物，物皆得之則存，失之則喪。天若失德，寒暑不時；地若失德，萬物不生；人若失德，身必將傾。故大禹謀九功，皋陶謀九德，⑨天下是治。

君以慈愛立德，臣以忠孝成名。"德唯善政，政在養民。"⑩養民之本，在武則有七："禁暴、戢兵、保大、定功、安民、和衆、豐財。"⑪文則有五：温、良、恭、儉、讓。⑫恭、寬、信、敏、惠，⑬皆歸五德。德也者，能却水火，能感鬼神，狎伏龍蛇，化敷禽獸；亦能退舍星象，亦能整復山河；⑭桑穀自枯，⑮妖禽亦逝。瘦蛇之子，⑯捨金之賓，⑰遺藥於敵人，⑱馳酒於盜者，⑲捨絶纓之過，⑳成漆身之志，㉑皆施之於陰功而獲陽報。夫如是，宜施之於萬類，不可失之於一言。天道無親，唯德是輔。㉒有國有家，幸其履之，瞬息無倦，昌矣盛矣。

【校注】

①　履德：本篇之"德"，亦有多種含義，或指道德，如"西伯之德"；或指五行家所説四季中的旺氣，如"木德""火德"等；或指一

物之本性，即一物所得之道，如"德之施也，無名在物，物皆得之則存，失之則喪"等。應據具體語境辨析理解。

② 鸇：一種猛禽。

③ "好生"兩句：《書·大禹謨》："宥過無大，刑故無小；罪疑惟輕，功疑惟重；與其殺不辜，寧失不經；好生之德，洽於民心。"

④ 誕敷文德：《書·大禹謨》："帝乃誕敷文德，舞干羽於兩階，七旬有苗格。"

⑤ 遠方來格：《三國志·魏志·劉馥傳》："闡弘大化，以綏未賓；六合乘風，遠人來格。"

⑥ 五行：指木、火、土、金、水五種物質。《書·洪範》："五行：一曰水，二曰火，三曰木，四曰金，五曰土。水曰潤下，火曰炎上，木曰曲直，金曰從革，土爰稼穡。潤下作咸，炎上作苦，曲直作酸，從革作辛，稼穡作甘。"

⑦ 五行相生，遞相爲德：古人以爲五行之間有相生、相剋之理。相生：即土生金，金生水，水生木，木生火，火生土。相剋：即土剋水，水剋火，火剋金，金剋木，木剋土。並以之附會王朝命運，如皇帝爲土德，少昊爲金德，顓頊爲水德，帝嚳爲木德，唐堯爲火德，虞舜爲土德等。參《漢書·律曆志》。

⑧ 謂之九功：謂：原作"爲"，據"百家本""叢書本""四庫本"改。九功：六府三事之功。水、火、金、木、土、穀謂之"六府"，正德、利用、厚生謂之"三事"。《書·大禹謨》："水、火、金、木、土、穀，惟修；正德、利用、厚生，惟和。九功惟叙，九叙惟歌。"《疏》："養民者使水、火、金、木、土、穀六事惟當修治之；正身之德、利民之用、厚民之生，此三事惟當諧和之。"

⑨ 皋陶謀九德：皋陶：傳說舜之臣，掌刑獄之事。九德：人的九種德行。《書·皋陶謨》："皋陶曰：'都！亦行有九德。亦言其人有德，乃言曰，載采采。'禹曰'何？'皋陶曰：'寬而栗，柔而立，愿而恭，

亂而敬，擾而毅，直而溫，簡而廉，剛而塞，強而義。彰厥有常吉哉！'"

⑩ 德唯善政，政在養民：見《書·大禹謨》。

⑪ "禁暴"至"豐財"：《左傳·宣公十二年》："夫武：禁暴，戢兵，保大，定功，安民，和眾，豐財者也。"

⑫ 溫、良、恭、儉、讓：儒家倡導的五種德行。《論語·學而》："子禽問於子貢曰：'夫子至於是邦也，必聞其政，求知歟？抑與之歟？'子貢曰：'夫子以溫、良、恭、儉、讓以得之。'"

⑬ 恭、寬、信、敏、惠：儒家所倡修身成仁的五種品德。《論語·陽貨》："子張問仁於孔子。孔子曰：'能行五者於天下為仁矣。''請問之。'曰：'恭，寬，信，敏，惠。恭則不悔，寬則得眾，信則人任焉，敏則有功，惠則足以使人。'"

⑭ "亦能整復山河"之"能"：原作"熊"，據"百家本""叢書本""四庫本"改。

⑮ 桑穀：桑樹和穀樹。古時迷信，以桑、穀二木生於朝為不祥之兆。《書·咸有一德》後所附亡書《咸乂四篇》序："伊陟相太戊，亳有祥，桑穀共生於朝。"《疏》："桑穀二木，共生於朝。朝非生木之處，是為不祥之征。"

⑯ 瘞蛇之子：指春秋時楚人孫叔敖。漢劉向《新序》卷第一《雜事》："孫叔敖為嬰兒之時，出游，見兩頭蛇，歸而泣。其母問其故，叔敖對曰：'聞見兩頭蛇者死，嚮者吾見之，恐去母而死也。'其母曰：'蛇今安在？'曰：'恐他人又見，殺而埋之矣。'其母曰：'吾聞有陰德者，天報以福，汝不死也。'及長，為楚令尹，未治而國人信其仁也。"

⑰ 捨金之賓：不詳。似指《左傳·宣公十二年》晉隨武子眼中的楚國情形：其時，楚君是莊王，孫叔敖為令尹。隨武子說："其君之舉也：內姓選於親，外姓選於舊。舉不失德，賞不失勞。老有加惠，旅有施舍……若之何敵之？""旅有施舍"，過路的旅客受到賜與。

⑱ 遺藥於敵人：指晋人羊祜的故事。《晋書·羊祜傳》：“祜與陸抗相對，使命交通，抗稱祜之德量，雖樂毅、諸葛孔明不能過也。抗嘗病，祜饋之藥，抗服之無疑心。人多諫抗，抗曰：‘羊祜豈鴆人者！’時談以爲華元、子反復見於今日。”

⑲ 馳酒於盜者：指春秋時秦繆公事。《史記·秦本紀》：“初，繆公亡善馬，岐下野人共得而食之者三百餘人，吏逐得，欲法之，繆公曰：‘君子不以畜産害人。吾聞食善馬肉不飲酒，傷人。’乃皆賜酒而赦之。三百人者聞秦擊晋，皆求從。從而見繆公窘，亦皆推鋒爭死，以報食馬之德。”事亦見《説苑·復恩》。

⑳ 捨絶纓之過：指春秋時楚莊王事。漢劉向《説苑·復恩》：“楚莊王賜群臣酒，日暮，酒酣，燈燭滅，乃有人引美人之衣者，美人援絶其冠纓，告王曰：‘今者燭滅，有引妾衣者，妾援得其冠纓，持之，取火來上，視絶纓者。’王曰：‘賜人酒，使醉失禮，奈何欲顯婦人之節而辱士乎？’乃命左右曰：‘今日與寡人飲，不絶冠纓者不歡。’群臣百有餘人皆去其冠纓而上火，卒盡歡而罷。居二年，晋與楚戰，有一臣常在前，五合五獲首，卻敵，卒能勝之。莊王怪而問曰：‘寡人德薄，又未嘗異子，子何故出死不疑如是？’對曰：‘臣當死。往者醉失禮，王隱忍不暴而誅也。臣終不敢以蔭蔽之德，而不顯報王也。常願肝腦塗地，用頸血湔敵，久矣。臣乃夜絶纓者也。’遂斥晋軍，楚得以強，此有陰德者必有陽報也。”

㉑ 漆身之志：戰國趙襄子殺智伯，智伯之客豫讓因漆身爲厲，滅鬚去眉，自刑以變其容。又吞炭爲啞，變其音，使人不能辨認，謀刺殺趙襄子，爲智伯報仇。事見《戰國策·趙策一》《史記》八六《豫讓傳》、劉向《説苑·復恩》。志，原作“忠”，據“百家本”“叢書本”“四庫本”改。

㉒ 天道無親，唯德是輔：《書·蔡仲之命》作：“皇天無親，惟德是輔。”

履　忠

　　素履子曰：忠貞者，天地之秀氣，人倫之英靈。凡觀歷世之書，唯忠賢者名挂史筆，[①]萬世常存；則夫不忠者必滅亡也。[②]

　　昔周公至忠：事文王、武王至成王，成王自襁褓事之。於三世盡忠，金玉莫比其堅，松竹莫比其操。至於祝九齡之壽，乃自剪爲牲；托六尺之孤，遂去管、蔡之佞。[③]事雖往古，行迹常新，列於典籍之中，常爲賢哲之範。太公行王風而治周室，[④]主霸典而滅紂邦。二人夾輔於周，功業垂於萬祀。復聞管仲相桓公，[⑤]一匡天下以尊周。子房佐劉氏，[⑥]統鴻溝以興漢。[⑦]至於召四皓而迴惠帝，[⑧]抱幼主而朝諸侯。[⑨]亦有卧尸折檻之士，[⑩]碎首投鑊之臣。[⑪]今古所推，實謂忠節。若指鹿爲馬，以玄爲黃，[⑫]脅弱欺孤，廢賢奪義，生則舂喉臠肉，没爲後世責嫌；汙辱二儀之中，濫篏三才之内。

　　是知，忠賢宜旌之不朽，爲今世間傑，來世美談。《詩》曰：[⑬]“淑人君子，其義不忒。”[⑭]賢者履之，盛矣。

【校注】

　　①“忠賢”之“賢”：原作“實”，“四庫本”同，“百家本”“叢書本”皆作“賢”。揆諸下文“忠賢宜旌之不朽”，知“百家本”“叢

書本"是，據改。

② 則夫不忠者必滅亡也：原作"則亡之忠者不滅亡也"，據"百家本""叢書本""四庫本"改。

③ "昔周公"至"管蔡之佞"：周公：姬旦。周文王子，武王弟。輔佐武王滅紂，建立周朝，封於魯。武王死，成王年幼，周公攝政。管叔、蔡叔挾商紂子武庚作亂，周公東征，平定叛亂。七年，建成周雒邑。周代的禮樂制度相傳皆爲其所制訂。參《尚書·周書》《史記·周本紀》《史記·魯周公世家》。牲：原作"性"，據"百家本""叢書本""四庫本"改。管、蔡：管叔、蔡叔。皆武王之弟，因封於管（故城在今河南鄭州市）、蔡（故城在今河南上蔡縣），故稱。周公攝政時，管、蔡曾散佈流言曰："周公將不利於成王。"後又挾武庚作亂，故此稱其爲"佞"。參《史記·周本紀》《史記·管蔡世家》。

④ 太公：周初人，姜姓，呂氏，名尚，俗稱姜太公。相傳其曾垂釣渭濱，周文王出獵相遇，與語大悅，同載而歸，說："吾太公望子久矣！"因號爲太公望，立爲師。武王即位，尊爲師尚父。輔佐武王滅殷，周初封於齊，爲齊國始祖。參《史記·齊太公世家》。

⑤ 管仲：春秋初潁上人，名夷吾，字仲。初事公子糾，後相齊桓公，主張通貨積財，富國強兵，九合諸侯，一匡天下，使桓公成爲春秋五霸之首。參《史記·管晏列傳》。

⑥ 子房：張良字（前？—前189）。其先世本姓姬，是韓國的公族，五世相韓。秦滅韓，良結納刺客，椎擊秦始皇於博浪沙，未遂，逃匿下邳，改姓張。秦末，陳勝、吳廣領導農民起義，劉邦乘機起兵，張良爲謀士，佐漢滅秦、楚，因功封留侯。參《史記·留侯世家》。

⑦ 鴻溝：古渠名。故道大部循今河南賈魯河東，由滎陽北引黃河水曲折南至淮陽入潁水。東漢後，漸淤塞。楚漢戰爭時，項羽劉邦曾以之爲界劃分地盤，其西爲漢，東爲楚。鴻：原作"洪"，據"百家本""叢書本""四庫本"改。

⑧ 召四皓而迴惠帝：漢初商山有四位隱士，即東園公、綺里季、夏黃公和角里先生，因四人鬚眉皆白，故稱四皓。高祖召，不應。後高祖欲廢太子，呂氏用張良計，迎四皓，使輔太子。一日四皓侍太子見高祖。高祖曰：“羽翼成矣。”遂輟廢太子之議。

⑨ “抱幼主”句：指周公輔成王事。《史記·魯周公世家》：“其後武王既崩，成王少，在襁褓之中。周公恐天下聞武王崩而畔，周公乃踐阼代成王攝行政當國。”

⑩ 臥尸折檻：臥尸：即尸諫。《孔子家語·困誓》第二十二：“衛蘧伯玉賢而靈公不用，彌子瑕不肖反任之，史魚驟諫而不從。史魚病將卒，命其子曰：‘我在衛朝，不能進蘧伯玉退彌子瑕，是吾爲臣不能正君也。生而不能正君，則死無以成禮。我死，汝置尸牖下，於我畢矣。’其子從之。靈公吊焉，其子以其父言告公，公愕然失容曰：‘是寡人之過也。’於是命之殯於客位，進蘧伯玉而用之，退彌子瑕而遠之。孔子聞之，曰：‘古之列諫之者，死則已矣，未有若史魚死而尸諫忠感其君者也，不可謂直乎？’”事又見《韓詩外傳》第七卷第二十一章。折檻：攀折殿檻。事見《漢書·朱雲傳》：“至成帝時，丞相故安昌侯張禹以帝師位特進，甚尊重。雲上書求見，公卿在前。雲曰：‘今朝廷大臣上不能匡主，下亡以益民，皆尸位素餐，孔子所謂“鄙夫不可與事君”“苟患失之，亡所不至”者也。臣願賜尚方斬馬劍，斷佞臣一人以厲其餘。’上問：‘誰也？’對曰：‘安昌侯張禹。’上大怒，曰：‘小臣居下訕上，廷辱師傅，罪死不赦！’御史將雲下，雲攀殿檻，檻折。雲呼曰：‘臣得下從龍逢、比干游於地下，足矣！未知聖朝何如耳？’御史遂將雲去。於是左將軍辛慶忌免冠解印綬，叩頭殿下曰：‘此臣素著狂直於世。使其言是，不可誅；其言非，故當容之。臣敢以死爭。’慶忌叩頭流血。上意解，然後得已。及後當治檻，上曰：‘勿易！因而輯之，以旌直臣。’”

⑪ 碎首投鑊：碎首：碎裂頭顱。常用以形容敢於死諫的精神或行

爲。漢王充《論衡》卷第八《儒增》："儒書言：禽息薦百里奚，繆公未聽，禽息出，當門仆頭碎首而死。繆公痛之，乃用百里奚。"《漢書·谷永杜鄴傳》："臣聞禽息憂國，碎首不恨。"鑊：鼎大而無足者，用以煮水。投鑊：古代的一種酷刑，把人投入鑊中沸水。亦稱"湯鑊"。《史記·廉頗藺相如列傳》："臣誠恐見欺於王而負趙，故令人持璧歸，臣知欺大王之罪當誅，臣請就湯鑊。"《漢書·蘇武傳》："雖蒙斧鉞湯鑊，誠甘樂之。"

⑫ 指鹿爲馬，以玄爲黃：指有意識地混淆是非，顛倒黑白。《史記·秦始皇本紀》："八月己亥，趙高欲爲亂，恐群臣不聽，乃先設驗，持鹿獻於二世，曰：'馬也。'二世笑曰：'丞相誤邪？謂鹿爲馬。'問左右，左右或默，或言馬以阿順趙高。或言鹿，高因陰中諸言鹿者以法。"玄："四庫本"同，"百家本""叢書本"皆作"元"。

⑬《詩》：《詩經》。我國第一部詩歌總集，共收入西周初至春秋中期詩歌305篇，分風、雅、頌三部分。亦是儒家重要經典之一。下不出注。

⑭ "淑人"兩句：見《詩·曹風·鳲鳩》。

履 孝

素履子曰：《經》云：①"夫孝，天之經也，地之義也，人之行也。"②兼曰："夫孝，德之本，教之所由生。"③治國治家者，立德爲先。立德之本，孝之爲始。④

昔舜、禹有至德、至孝存身。立德而成，皆以孝行，舜讓而尊。故云"先王有至德要道，以順天下，民用和睦，上下無怨"，⑤孝之謂也。⑥孝感天地，應乎神明。天子孝，龜龍負圖。⑦庶人孝，草木榮茂。昔曾子孝父母，⑧"身體髮膚，不敢毀傷"，⑨至於終身。⑩跬步之間，不忘孝道。一切禽獸草木，⑪取之以時，不違天道，竭力盡忠，此爲孝子之志也。

夫人有百行，不孝者，如玉屑盈匣，終無用也。能行孝道，自然神明上生，天帝添算，身安事吉，榮顯於時。幸君子履之，保百福矣。

【校注】

①《經》：指《孝經》。其是儒家宣揚孝道和孝治思想的重要典籍。有今、古文兩種版本，現收入《十三经注疏》之通行本，爲唐玄宗注、宋邢昺疏。

②"夫孝"四句：見《孝經·三才章》。

③"夫孝"三句：《孝經·開宗明義章》作："夫孝，德之本也，教之所由生也。"

④孝之爲始："百家本""四庫本"同，"叢書本"作"孝爲之始"。

⑤"先王"四句：見《孝經·開宗明義章》。

⑥謂："百家本""叢書本""四庫本"皆作"始"。揆之文理，作"謂"是。

⑦龜龍負圖：即龜負書出洛，龍馬負圖出河。《易·繫辭上》："河出圖，洛出書，聖人則之。"漢儒謂"洛書"即《書·洪範》九疇，"河圖"即八卦。鄭玄以爲"河出圖，洛出書"是帝王聖者受命之瑞。

⑧曾子：春秋魯國人，名參，字子輿。孔子弟子，小孔子四十六歲，以孝聞。一説《孝經》即其集錄。

⑨"身體"兩句：《孝經·開宗明義章》作："身體髮膚，受之父

154

母，不敢毀傷，孝之始也。"

⑩ 至於終身：《論語·泰伯》："曾子有疾，召門弟子曰：'啟予足！啟予手！《詩》云："戰戰兢兢，如臨深淵，如履薄冰。"而今而後，吾知免夫！小子！'"

⑪ "一切"二字之上，原有"義利"二字，殊不通。"四庫本"無，"百家本""叢書本""一切"前爲"□□"。

卷　中

將仕郎試大理評事賜排魚袋張弧　撰

履　仁

素履子曰：古者嘗草之君，教民粒食而止殺，[①]至仁之化也。黃帝爲民除害，殺蚩尤，[②]至仁之教也。大羅氏作網罟，[③]除禽獸之害，至仁之用也。堯、舜用八元，[④]八愷，[⑤]“明四目，達四聰”，[⑥]至仁之治也。禹鑿龍門，[⑦]去水害，至仁之功也。湯去三面羅，[⑧]至仁之政也。文王葬枯骨，[⑨]至仁之惠也。紂失仁，武王殺之，飾微子之墟，[⑩]捨箕子之囚，[⑪]封比干之墓，[⑫]乃得赤雀銜書之瑞云。[⑬]仁得之，仁守之，福廕百代。

天使人君用仁守國，故罪己泣辜，[⑭]吞蝗瞞蛭，[⑮]所以興也。秦不仁，焚書坑儒，[⑯]身沒沙丘，[⑰]不及二代。子嬰爲劉、項所競，[⑱]漢履仁約法，[⑲]捨子嬰而得天下；楚不仁暴物，殺子嬰而失天下。是知履仁爲興國之本，故可履之。

孔聖云：“仁者愛人。”[⑳]亦曰：好生惡殺爲仁，愛人利物爲仁，"克己復禮爲仁"，㉑慈惠惻隱爲仁。賞善罰惡，拯溺救危，皆仁人之履也。士有殺身以成仁，㉒亡命以成仁。㉓設食於翳桑，㉔板筑於危徑，㉕或救黃雀，㉖或放白龜，㉗惠封於傷蛇，㉘探喉於鯁虎，㉙博施無倦，惠愛有方。春不伐樹覆巢，夏不燎田傷禾，秋賑孤恤寡，冬覆蓋伏藏，君子順時履仁而行，仁功著矣。《易》曰：㉚"天地之大德曰生，聖人之大寶曰位。"㉛又曰："君子體仁，足以長人。"㉜唯聖賢履之無倦而已。㉝

【校注】

① 教民粒食：相傳神農嘗百草發明醫藥外，尚教民爲耒、耜以興農業。

② 殺蚩尤：《史記·五帝本紀》："蚩尤作亂，不用帝命。於是黃帝乃征師諸侯，與蚩尤戰於涿鹿之野，遂禽殺蚩尤。"蚩尤：傳說中的九黎族之君。

③ 大羅氏作網罟：大羅氏：官名。《禮記·郊特牲》："大羅氏，天子之掌鳥獸者也。"《疏》："謂爲大羅氏者……能以羅捕鳥獸者也。"羅：捕鳥獸的網。

④ 八元：古代傳說中的八個才子。《左傳·文公十八年》："高辛氏有才子八人：伯奮、仲堪、叔獻、季仲、伯虎、仲熊、叔豹、季狸，忠、肅、共、懿、宣、慈、惠、和，天下之民謂之'八元'。"

⑤ 八愷：據說是高陽氏八個有才能的子孫。《左傳·文公十八年》："昔高陽氏有才子八人：蒼舒、隤敳、檮戭、大臨、龍降、庭堅、仲容、叔達……天下之民謂之'八愷'。"愷：原作"凱"，據"百家

157

本""叢書本""四庫本"改。

⑥ 明四目，達四聰：語出劉向《説苑・君道》："故牧者所以辟四門，明四目，達四聰也。"

⑦ 禹鑿龍門：龍門：山名。説法不一，其中與大禹治水有關者二：一謂指陝西省內之龍門山。《書・禹貢》："浮於積石，至於龍門西河，會於渭汭。"又曰："導河積石，至於龍門。"二謂龍門即河南洛陽市南之伊闕。《漢書・溝洫志》："昔大禹治水，山陵當路者毀之，故鑿龍門，辟伊闕。"《水經注・伊水》："伊水又北入伊闕。昔大禹疏以通水，兩山相對，望之若闕，伊水歷其間北流，故謂之伊闕矣。"劉向《説苑・貴德》："古者，溝防不修，水爲人害，禹鑿龍門，辟伊闕，平治水土，使民陸處。"

⑧ 湯去三面羅：商湯除去三面羅網。《史記・殷本紀》："湯出，見野張網四面，祝曰：'自天下四方皆入吾網。'湯曰：'嘻，盡之矣！'乃去其三面，祝曰：'欲左，左；欲右，右；不用命，乃入吾網。'"

⑨ 文王葬枯骨：《後漢書・孝順孝沖孝質帝紀》："昔文王葬枯骨，人賴其德。"中華書局 1965 年版《後漢書》注：《吕氏春秋》曰："周文王使人掘地，得死人骸。文王曰：'更葬之。'吏曰：'此無主。'文王曰：'有天下者，天下之主，今我非其主邪？'遂令吏以衣棺葬之。天下聞之，曰：'文王賢矣。澤及枯骨，又況人乎！'"

⑩ 飾微子之墟：飾："百家本"同，"叢書本""四庫本"均作"式"。按："飾微子之墟"不可解。此句既放在"紂失仁，武王殺之"之後，且與"舍箕子之囚，封比干之墓"並列，當同指武王事。然《史記・周本紀》只説"命召公釋箕子之囚""命閎夭封比干之墓"，而不載"飾微子之墟"事。據《史記・宋微子世家》："周武王伐紂克殷，微子乃持其祭器造於軍門，肉袒面縛，左牽羊，右把茅，膝行而前以告。於是武王乃釋微子，復其位如故。"疑"飾微子之墟"當爲"釋微子之縛"。又，《史記・周本紀》有"表商容之閭"，《書・武成》有

"釋箕子囚，封比干墓，式商容閭"。從四個本子或作"飾"，或作"式"看，"微子之墟"亦或爲"商容閭"之誤。

⑪ 捨箕子之囚：箕子："箕"是殷末封國名，在今山西省榆社縣南；"子"是爵。箕子名胥余。《史記·宋微子世家》："箕子者，紂親戚也。紂始爲象箸，箕子嘆曰：'彼爲象箸，必爲玉杯；爲杯，則必思遠方珍怪之物而御之矣。輿馬宮室之漸自此始，不可振也。'紂爲淫泆，箕子諫，不聽。人或曰：'可以去矣。'箕子曰：'爲人臣諫不聽而去，是彰君之惡而自悦於民，吾不忍爲也。'乃被髮佯狂而爲奴。"《史記·殷本紀》："箕子懼，乃佯狂爲奴，紂又囚之。"《史記·周本紀》："武王爲殷定未集，乃使其弟管叔鮮、蔡叔度相禄父治殷。已而命召公釋箕子之囚……"

⑫ 封比干之墓：比干：殷紂的庶兄（一説爲叔父），因強諫紂，被剖心而死。《史記·殷本紀》："紂愈淫亂不止。……比干曰：'爲人臣者，不得不以死爭。'乃強諫紂。紂怒曰：'吾聞聖人心有七竅。'剖比干，觀其心。"據《史記·周本紀》載，武王克殷之後，爲了安撫殷遺民、鞏固統治，曾采取了"命召公釋箕子之囚""命閎夭封比干之墓"等一系列措施。

⑬ 赤雀銜書：赤雀：即"赤鳥"，傳説中預示吉凶禍福的神鳥。《尚書大傳·大誓》："武王伐紂，觀兵於孟津，有火流於王屋，化爲赤鳥三足。"《墨子·非攻下》："赤鳥銜珪，降周之岐社。"

⑭ 罪己泣辜：罪己：以爲是自己的罪過。泣辜：哀憐罪人。劉向《説苑·君道》云："河間獻王曰：'堯存心於天下，加志於窮民，痛萬姓之罹罪，憂衆生之不遂。有一民飢，則曰："此我飢之也。"有一人寒，則曰："此我寒之也。"一民有罪，則曰："此我陷之也。"仁昭而義立，德博而化廣，故不賞而民勸，不罰而民治。'"《君道》又曰："禹出見罪人，下車問而泣之。左右曰：'夫罪人不順道，故使然焉，君王何爲痛之至於此也？'禹曰：'堯、舜之人，皆以堯、舜之心爲心。

今寡人爲君也，百姓各自以其心爲心，是以痛之也。'"

⑮ 吞蝗嚥蛭：事見賈誼《新書·春秋》：春秋時楚惠王食寒葅而得蛭，担心司廚因此得罪，就不聲不響吞下，不讓人知道。事亦見劉向《新序》卷第四《雜事·楚惠王食寒葅而得蛭章》："楚惠王食寒葅而得蛭，因遂吞之，腹有疾而不能食。令尹入問，曰：'王安得此疾也？'王曰：'我食寒葅而得蛭，念譴之而不行其罪乎，是法廢而威不立也，非所以使國聞也；譴而行其誅乎，則庖宰食監，法皆當死，心又不忍也。故我恐蛭之見也，因遂吞之。'令尹避席再拜而賀曰：'臣聞："天道無親，唯德是輔。"君有仁德，天之所奉也，病不爲傷。'是夕也，惠王之後蛭出，故其久病心腹之積皆愈。"

⑯ 焚書坑儒：指秦始皇焚燒典籍、坑殺儒生事。《史記·秦始皇本紀》載：三十四年，博士淳于越根據古制，建議分封子弟。丞相李斯主張禁止儒生以古非今，以私學誹謗朝政。秦始皇采納李斯建議，下令除秦記、醫藥、卜筮、種樹書外，焚毀民間所藏的《詩》《書》和諸子百家的著作。談論《詩》《書》的處死，以古非今的族誅。欲學法令則以吏爲師。次年，方士、儒生求仙藥終不得，盧生等復亡去，始皇怒，乃坑殺咸陽諸生四百六十餘人。史稱焚書坑儒。

⑰ 身没沙丘：《史記·秦始皇本紀》載：三十七年，始皇出游，"至平原津而病……七月丙寅，始皇崩於沙丘平臺"。

⑱ 子嬰：秦始皇長子扶蘇之子。趙高殺二世，立子嬰，去帝號，稱王，在位四十六日。劉邦兵至霸上，子嬰"素車白馬繫頸以組，封皇帝璽符節，降軹道旁"。劉邦舍之。後爲項籍所殺。

⑲ 漢履仁約法：據《史記·高祖本紀》載：漢元年十月，即公元前206年陰曆十月，劉邦帥兵先諸侯至霸上，接受子嬰投降後遂西入咸陽，本欲"止宮休舍"，但聽從張良等勸諫，"封秦重寶財物府庫"後，還軍霸上，與關中父老約法三章："殺人者死，傷人及盜抵罪。"悉除秦法，"諸吏人皆案堵如故……秦人大喜"。

⑳ 仁者愛人：《論語·顔淵》：“樊遲問仁。子曰：‘愛人。’”《孟子·離婁下》：“孟子曰：‘仁者愛人，有禮者敬人。’”

㉑ “克己”句：見《論語·顔淵》：“顔淵問仁。子曰：‘克己復禮爲仁。’”

㉒ 殺身以成仁：《論語·衛靈公》：“子曰：‘志士仁人，無求生以害仁，有殺身以成仁。’”後稱爲正義事業而犧牲生命爲殺身成仁。

㉓ 亡命以成仁：亡命：逃亡在外。紂王昏亂殘暴，比干強諫遭剖心而死，箕子佯狂被囚，微子逃亡離去，孔子稱爲殷之“三仁”。《論語·微子》：“微子去之，箕子爲之奴，比干諫而死。孔子曰：‘殷有三仁焉。’”

㉔ 設食於翳桑：春秋晉人靈輒餓於翳桑，趙盾見而賜之以飲食。後輒爲晉靈公甲士。會靈公欲殺趙盾，輒倒戈相衛，盾乃得免。事見《左傳·宣公二年》、劉向《説苑·復恩》。

㉕ 板築於危徑：相傳傅説曾筑於傅巖之野，武丁訪得，舉以爲相，殷以之中興。參《書·説命》《楚辭·離騷》《吕氏春秋·求人》《史記·殷本紀》。

㉖ 救黄雀：勸人行善故事。南朝梁吴均《續齊諧記》載：“漢楊寶年九歲，至華陰山，見一黄雀爲鴟梟所搏墜地。寶取歸，置巾箱中，飼以黄花。百餘日，毛羽成，乃飛去。其夜有黄衣童子向寶曰：‘吾西王母使者，蒙君拯救，實感仁恩。今贈白環四枚，令君子孫潔白，位登三公，一如此環。’”

㉗ 放白龜：《晉書·毛寶傳》：“初，寶在武昌，軍人有於市買得一白龜，長四五寸，養之漸大，放諸江中。邾城之敗，養龜人被鎧持刀，自投於水中，如覺墜一石上，視之，乃先所養白龜，長五六尺，送至東岸，遂得免焉。”事又見《搜神後記》。

㉘ 惠封於傷蛇：晉干寶《搜神記》二十：“隨侯出行，見大蛇被傷中斷，疑其靈異，使人以藥封之。……歲餘蛇銜明珠以報之。”封：

"四庫本"以小字書"闕","百家本""叢書本"均作"藥",證之《搜神記》,作"封"更妥。

㉙ 探喉於鯁虎:相傳唐代名醫孫思邈,一次上山采藥時路遇猛虎,但奇怪的是,該虎雖然嘴巴大張,卻俯伏於地,眼露哀求之色。走近細察,才知有一獸骨鯁在虎喉。孫思邈卸下扁擔銅環撐住虎口,探喉取出鯁骨,並就虎之傷處敷以藥物,老虎搖頭擺尾似表感謝。後世走方郎中所持串鈴,又叫"虎撐",即由此"銅環"演化而來。然,此説出處不詳。一説晋代人葛洪《神仙傳》載三國名醫董奉事。據説董奉在廬山隱居時,由於醫德高尚,醫術精湛,深受民衆尊崇,求醫者絡繹不絶,甚至受傷的禽獸亦找董奉救治。一天傍晚,董奉正在晚餐,突然聽見有野獸在門前哀嚎,只見一頭老虎張着嘴巴,一根獸骨鯁在喉間。董奉以竹筒套手,深入虎口,取出鯁骨。猛虎得救,搖頭擺尾隱没於林中。此後,該虎便一直爲董奉守護杏林。《神仙傳》卷十確實記有老虎爲董奉守杏林事:"董奉者,字君異,侯官縣人也。……君異居山間,爲人治病,不取錢物,使重病癒者,栽杏五株,輕者一株,如此數年,計得十餘萬株,鬱然成林。而山中百蟲群獸,游戲杏下,竟不生草,有如耘治也,於是杏子大熟。君異於杏林下作簞倉,語時人曰:欲買杏者,不須來報,徑自取之。得將穀一器置倉中,即自往取一器杏云。每有一穀少而取杏多者,即有三四頭虎噬逐之,此人怖懼而走,杏即傾覆,虎乃還去,到家量杏,一如穀少。又有人空往偷杏,虎逐之到其家,乃噬之至死,家人知是偷杏,遂送杏還,叩頭謝過,死者即活。……君異以其所得糧穀賑救貧窮,供給行旅……"這段文字雖寫有虎守杏林事,但非只一虎,而是"三四頭",且無取鯁骨事。知此亦難稽之民間傳説耳!

㉚《易》:《周易》的簡稱。其本是古代的一部卜筮之書,因蘊含有深邃的思想,也是一部獨具體系的哲學著作。其分爲經、傳兩部分,是儒家的重要經典之一。下不出注。

㉛"天地"兩句:見《易·繫辭下》。

㉜ "君子"兩句：見《易·乾》卦："《文言》曰：'……君子體仁，足以長人，嘉會足以合禮，利物足以和義，貞固足以幹事，君子行此四德者，故曰乾元亨利貞。'"

㉝ 聖：原作"至"，據"百家本""叢書本""四庫本"改。

履　義

素履子曰："理財正辭，禁民爲非曰義。"[1]所以義者，不竟於物，而物自歸之。孔子曰："義然後取，人不厭其取。"[2]昔周太王之太子曰泰伯，[3]太王有疾，泰伯義讓其位，乃爲父采藥而不返，後季歷立，封泰伯於吳。夫有義必能讓，[4]能讓必能和。王者履義讓，必能和協萬邦，賞善罰惡，立功立事，以義除不義。

昔者，桀惑於妹喜，亡義而喪德；[5]紂好妲己，失義而害忠賢；[6]周幽王寵褒姒，乖義而失諸侯；[7]晋獻公悅驪姬，而終失義於世子；[8]鄭莊姜寵過，致叔段不悌；[9]龐涓疾賢，死爲不義之友；[10]羅敷沉河，魯胡永爲乖義之夫；[11]三閭溺於汨羅，楚懷王爲不義之主；[12]子胥得浣紗女，終成守義之賢。[13]士有觸槐、[14]刎頸、[15]煙目、[16]漆身之義，[17]管鮑、[18]陳雷立義，[19]名標前史。是知義不可不履而不可乖。

孔子云："不義而富且貴，於我如浮雲。"[20]先聖賤不義也。若不義而死，捨義而生，則浪生死矣，是不賢也。能

義,㉑和骨肉昆弟,在於以義履之。㉒有何爭哉?故君子義以爲質,履而行之,固無乖矣。㉓

【校注】

① "理財"兩句:見《易‧繫辭下》。

② "義然後"兩句:非孔子語,或弧誤記。《論語‧憲問》:"子問公叔文子於公明賈曰:'信乎,夫子不言,不笑,不取乎?'公明賈對曰:'以告者過也。夫子時然後言,人不厭其言;樂然後笑,人不厭其笑;義然後取,人不厭其取。'"

③ 周太王之太子曰泰伯:"周太王"之"太":原作"大",據"百家本""叢書本""四庫本"改。周太王:指周文王姬昌的祖父古公亶父。泰伯:周太王長子,也作"太伯"。有弟曰仲雍、季歷。季歷有賢子昌(文王),太王欲立季歷爲后,泰伯、仲雍相繼奔避荊、越,紋身斷髮。泰伯自號句吳,爲春秋時吳國的始祖。見《史記‧吳泰伯世家》。

④ 夫:原作"天","四庫本"同,據"百家本""叢書本"改。

⑤ "桀惑"兩句:桀:相傳爲夏代的最後一個君王,名履癸,荒淫殘暴。妹喜:亦作"妺嬉""末喜",夏桀妃,有施氏女。相傳有施氏爲夏桀所敗,因進妹喜於桀,受寵。商湯滅夏,桀和妹喜南奔而死。《史記‧夏本紀》説:"桀不務德而武傷百姓,百姓弗堪。乃召湯而囚之夏臺,已而釋之。湯修德,諸侯皆歸湯,湯遂率兵以伐夏桀,桀走鳴條,遂放而死。"

⑥ "紂好"兩句:紂:帝乙之子,名受,號帝辛,史稱紂王,商代的最後一位君主。妲己:紂王之妃,有蘇氏女,姓己名妲,武王滅商被殺。《史記‧殷本紀》載:"帝紂資辨捷疾,聞見甚敏;材力過人,手格猛獸;知足以拒諫,言足以飾非;矜人臣以能,高天下以聲,以爲

164

皆出己之下。好酒淫樂，嬖於婦人。愛妲己，妲己之言是從。”制炮烙之刑，剖比干，囚箕子，在武王討伐的戰爭中，兵敗赴火而死。

⑦“周幽王”兩句：周幽王：宣王子，名宮涅，西周最後一位君主。寵愛褒姒，廢申后及太子宜臼，立褒姒爲后、其子伯服爲太子。初與諸侯約，有寇至則舉烽火，諸侯勤王。後爲博得褒姒一笑，舉烽火，諸侯悉至，乃知被戲，此後即不之信。及申侯怒廢申后、太子，與繒、西夷犬戎攻幽王，幽王舉烽火求救，諸侯不至，被殺於驪山下。褒姒被虜。平王立，東遷雒邑。

⑧“晋獻公”兩句：晋獻公：春秋時晋君，名詭諸。伐驪戎，得驪姬，寵愛之，生奚齊，驪姬欲立爲太子，獻公聽其謀，害死世子申生，重耳、夷吾二公子出亡。事見《史記·晋世家》等。

⑨“鄭莊姜”兩句：鄭莊姜：鄭莊公之母姜氏，因莊公寤生，惡之。愛幼子公叔段，欲立之，未果，遂幫助慾惠段與莊公爭權奪利，不守悌道。事見《左傳·隱公元年》《史記·鄭世家》。段：原作“叚”，“四庫本”同，據“百家本”“叢書本”改。

⑩“龐涓”兩句：龐涓：戰國魏人，與齊人孫臏同學兵法，而不如臏，疾之，及爲魏將，召臏入魏，施以刖刑。後臏設計逃歸，爲齊威王師。魏圍趙都邯鄲，齊以田忌、孫臏爲帥，伐魏以救趙，忌、臏出計大敗魏師於馬陵，擊殺涓。參見《史記·孫子吴起列傳》。

⑪“羅敷”兩句：舊題漢劉歆《西京雜記》六：“魯人秋胡，娶妻三月而游宦，三年休，還家。其婦采桑於郊，胡至郊而不識其妻也，見而悅之，乃遺黃金一鎰。妻曰：‘妾有夫游宦不返，幽閨獨處，三年於茲，未有被辱如今日也。’采不顧。胡慚而退。至家，問家人妻何在？曰：‘行采桑於郊，未返。’既還，乃向所挑之婦也。夫妻並慚，妻赴沂水而死。”故事又見劉向《烈女傳》卷五《節義傳·魯秋潔婦》。沉：原作“沈”，據“百家本”“叢書本”“四庫本”改。

⑫“三閭”兩句：三閭：“三閭大夫”的省稱，此指屈原。楚懷王

時屈原曾任三閭大夫，後遭讒被疏，頃襄王時，又被放逐江南。後見楚國政治腐敗，無力挽救，投汨羅江而死。屈原是著名的楚辭作家，作品有《離騷》《天問》《九歌》等。懷：原作"淮"，據"百家本""叢書本""四庫本"改。

⑬"子胥"兩句：子胥：即伍子胥。伍子胥與浣紗女的故事，正史不載。東漢趙曄的《吳越春秋》是一部介於史家與小說家之間的作品，所記子胥乞食於擊綿女之事，當來自民間傳說，亦是此後相關文學作品，如唐代《伍子胥變文》、明代梁辰魚《浣紗記》等描寫該故事的原始素材。《吳越春秋》卷三："子胥……乞食溧陽。適會女子擊綿於瀨水之上，筥中有飯。……女子……發其簞筥，飯其盎漿，長跪而與之。……子胥已餐而去，又謂女子曰：'掩夫人之壺漿，無令其露。'……子胥行，反顧女子，已自投於瀨水矣。"同書卷四記子胥報仇返吳路過溧陽瀨水時："乃長太息曰：'吾嘗饑於此，乞食於一女子。女子飼我，遂投水而亡。'將欲報以佰金而不知其家，乃投金水中而去。"紗："百家本""叢書本"同，"四庫本"作"沙"。

⑭觸槐：指鉏麑觸槐而死事。《左傳·宣公二年》載：晉靈公暴虐不仁，趙盾多次進諫，以致惹惱了靈公，其便派力士鉏麑前去暗殺趙盾："晨往，寢門辟矣。盛服將朝，尚早，坐而假寐。麑退，嘆而言曰：'不忘恭敬，民之主也。賊民之主，不忠；棄君之命，不信。有一於此，不如死也。'觸槐而死。"

⑮刎頸：即"刎頸之交"的省稱，亦作"刎頸交"，指可以同生死共患難的交情。《史記·廉頗藺相如列傳》："卒相與歡，爲刎頸之交。"又《張耳陳餘列傳》："餘年少，父事張耳，兩人相與爲刎頸交。"

⑯煙目：不詳，疑即"燻穴"。漢王充《論衡·命祿》："越王翳逃山中，至誠不願，自冀得代。越人燻其穴，遂不得免，強立爲君。"或爲"抉目"，挖出眼睛。《史記·吳泰伯世家》："賜子胥屬鏤之劍以死，將死，曰：'樹吾墓上以梓，令可爲器。抉吾眼置之吳東門，以觀

越之滅吳也。'"

⑰ 漆身：指戰國豫讓事，見《履德》注㉒。

⑱ 管鮑：指春秋時齊國的管仲與鮑叔牙。二人交情深厚，管仲嘗言："生我者父母，知我者鮑子也。"見《史記·管晏列傳》。後因稱知交爲"管鮑"。

⑲ 陳雷：指東漢陳重與雷義。《後漢書·獨行列傳》："陳重字景公，豫章宜春人也。少與同郡雷義爲友，俱學《魯詩》《顏氏春秋》。太守張雲舉重孝廉，重以讓義，前後十餘通記，雲不聽。義明年舉孝廉，重與俱在郎署。"又云："義歸，舉茂才，讓於陳重，刺史不聽，義遂佯狂被髮走，不應命。鄉里爲之語曰：'膠漆自謂堅，不如雷與陳。'"後因以"陳雷"喻友誼深厚。

⑳ "不義"兩句：見《論語·述而》。

㉑ 能義：此二字若移至"有何爭哉"之前，當更順。

㉒ 在於：原作"在物"，"四庫本"爲"所在"，此據"百家本""叢書本"改。

㉓ 固："百家本""叢書本""四庫本"皆作"國"，揆諸文理，亦未必是，故仍其舊，不改。

履　智

素履子曰：夫智者，五行之德水。①水以潤下爲德，智以謀慮爲能。智不能慮，無以爲能；水不能潤，無以爲德。是以水流不止，智用無滯。水混則濁，智撓則亂，濁則不能鑒，亂則不能慮。未若止水而能清，定智而能明，水止智定，則清且明矣。如水決流不止，則浸漬以成弊；智用不端，則惑

亂以招禍矣。^②

　　夫賢者用智,^③能周萬類,若夫鏡之鑒物,^④妍醜俱見其中;如朗月之當空,泉沼皆臨其內。觀照遐邇,明辨是非。知衆之苦辛,減己之逸樂;齊飽暖於一體,慮寒餒於四人。故能運智而佐帝王,設慮以防奸弊。所以子房、^⑤陳平,^⑥智周而成,商鞅、^⑦蘇秦,^⑧智訛而輆。

　　夫有國有家者,履智而能慮,^⑨則禍患弗可及也。

　　【校注】

　　① 夫智者五行之德水:《論語・雍也》:"子曰:'智者樂水,仁者樂山。'"《荀子・宥坐》載孔子曾以水比德:"孔子觀於東流之水。子貢問於孔子曰:'君子之所以見大水必觀焉者,是何?'孔子曰:'夫水,大徧與諸生而無爲也,似德。其流也埤下,裾拘必循其理,似義。其洸洸乎不淈盡,似道。若有決行之,其應佚若聲響,其赴百仞之谷不懼,似勇。主量必平,似法。盈不求概,似正。淖約微達,似察。以出以入,以就鮮絜,似善化。其萬折也必東,似志。是故君子見大水必觀焉。'"後世五行家敷衍《尚書・洪範》(參《履德》注⑥)及孔子之説,以五行配五德,即木主仁,金主義,火主禮,水主智,土主信。

　　② 以招禍矣:原"禍"後無"矣"字,據"四庫本"增。"百家本""叢書本"均作"以招尤矣"。

　　③ 夫:"百家本""叢書本""四庫本"皆無。

　　④ 鑒:"百家本""叢書本""四庫本"均作"照"。

　　⑤ 子房:見《履忠》注⑥。

　　⑥ 陳平:西漢初陽武人。少時家貧,好讀書。秦末農民起義,初從項羽,後歸劉邦。有謀略,積功任護軍中尉,封曲逆侯。惠帝時爲左

丞相，呂后徙爲右丞相。後與太尉周勃合力，盡誅諸呂，迎立文帝，卒安漢朝。《史記》《漢書》皆有傳。

⑦ 商鞅：戰國衛人。姓公孫，名鞅，以封於商，也稱商鞅、商君。仕魏，爲魏相公叔痤家臣。痤死，入秦，歷任左庶長、大良造。相秦十九年，輔助秦孝公變法，提出"治世不一道，便國不法古"的主張，廢井田，開阡陌，奬勵耕戰，使秦國富強。孝公死，公子虔等誣陷鞅謀反，車裂死。《史記》有傳。

⑧ 蘇秦：戰國時東周洛陽人。初説秦惠王吞并天下，不用。後游説燕、趙、韓、魏、齊、楚六國，合縱抗秦，佩六國相印，爲縱約之長。後，縱約爲張儀所破，蘇秦遂至齊爲客卿，與齊大夫爭寵，被刺死。《史記》有傳。

⑨ 履智而能慮：原作"履智而能明能慮"，"四庫本"同。此從"百家本""叢書本"。

履　信

素履子曰：信之爲大，人所重焉。天失信，三光不明；^①地失信，四時不成；^②人失信，五德不行。^③故孔宣父云：^④"大車無輗，小車無軏，其何以行之哉？"^⑤謂人無信，不可行也。

"子貢問政，子曰：'足食，足兵，民信之矣。'子貢曰：'必不得已而去，於斯三者何先？'曰：'去兵。'曰：'必不得已而去，於斯二者何先？'曰：'去食。自古皆有死，民無信不立。'"^⑥治邦不可失信。昔周幽王西患犬戎，^⑦北患獫狁，王與諸侯立信約：舉烽擊鼓，則諸侯救至。褒姒戲而舉之，諸侯皆至，無寇，乃是妃后戲耳。後犬戎逼王城，舉烽火擊鼓召諸侯，諸侯皆言妃后戲耳，遂不至，幽王乃爲犬戎所殺。此戲而失信之故也。故齊桓不遺曹劌之盟，⑧晉文捨原以示信，⑨俱爲霸主，諸侯皆從之。所以不乖竹馬之期，⑩不爽虞人之約，⑪王者履信，則神龜見矣。⑫

　　"故用人之智去其詐，用人之勇去其怒，用人之仁去其貪。"⑬用智者之謀，勇者之斷，仁者之施，足以成治矣。詐害民信，怒害民恩，貪害民財。三害，亂之原也。是知可終身而守約，不可斯須而失信。《易》云："天所助者，順也；人所助者，信也。"⑭君子仗忠信而爲甲胄，履之無爽矣。

【校注】

　　① 三光：有兩說，一說：指日、月、星。《莊子・說劍》："上法圓天，以順三光。"二說：日、月、五星的合稱。《史記・天官書》："衡，太微，三光之廷。"《索隱》："三光，日、月、五星也。"

　　② 四時：即春、夏、秋、冬四季。

　　③ 五德：人的五種品德。見《履德》注⑬⑭。

　　④ 孔宣父：指孔子。《後漢書・申屠剛傳》："損益之際，孔父攸嘆。"《注》："《說苑》曰：孔子讀《易》至《損》《益》，則喟然而嘆。"唐開元二十七年追謚孔子爲文宣王。孔宣父即"孔父"與"文宣王"之合併省稱。

　　⑤ "大車"三句：見《論語・爲政》："子曰：'人而無信，不知其可也。大車無輗，小車無軏，其何以行之哉?'"

　　⑥ "子貢問政"至"民無信不立"：見《論語・顏淵》，按"去

兵"後之"曰"字前有"子貢"二字。

⑦"周幽王"事：見《履義》注⑦。

⑧ 齊桓不遺曹劌之盟：曹劌之"劌"原作"翽"，據"百家本""叢書本""四庫本"改。曹劌，《史記·刺客列傳》作"曹沫"。齊桓公伐魯，魯莊公請和，會盟於柯，"桓公與莊公既盟於壇上，曹沫執匕首劫齊桓公"，迫其盡歸侵地。桓公既許曹沫，又欲背約，終怕失信於諸侯，卒歸侵地。

⑨ 晋文捨原以示信：《左傳·僖公二十五年》："冬，晋侯圍原，命三日之糧。原不降，命去之。諜出，曰：'原將降矣。'軍吏曰：'請待之。'公曰：'信，國之寶也，民之所庇也，得原失信，何以庇之？所亡滋多。'退一舍而原降。"劉向《新序》卷第四《雜事·晋文公伐原章》所記更細。事亦見《國語·晋語四·文公伐原》。

⑩ 不乖竹馬之期：當指尾生守約事。據傳戰國時魯人尾生與女子相約於橋下，女子未來，河水上漲，仍不去，抱橋柱淹死。事見《莊子·盜跖》《戰國策·燕策一·人有惡蘇秦於燕王者》《史記·蘇秦列傳》。

⑪ 不爽虞人之約：《戰國策·魏策第一·文侯與虞人期獵》："文侯於虞人期獵。是日，飲酒樂，天雨。文侯將出。左右曰：'今日飲酒樂，天又雨，將焉之？'文侯曰：'吾與虞人期獵，雖樂，豈可不一會期哉？'乃往，身自罷之。魏於是乎始強。"

⑫ 神龜見：古人以爲神龜出現是祥瑞之兆。

⑬ "故用人之智"三句：據《禮記·禮運》，乃孔子語。

⑭ "天所"至"信也"：《易·繫辭上》作"天之所助者，順也；人之所助者，信也"。

履　禮

素履子曰：禮者，天地四時之正氣，人倫三綱之端首，①

在物皆敬，於人必周。故能"定親疏、決嫌疑、別同異、明是非"。^②守道立德，履之方成；教訓正俗，履之方備。決爭訟，辨是非，君臣上下，父子兄弟，軍旅征伐，祭祀鬼神，履之方成其政教。郊天祀地，禮之爲大。《經》所備焉。^③

夫"父慈子孝，兄良弟悌，夫義婦聽，長惠幼順，君仁臣忠"之道，^④禮之本也。士唯履之，無暫乖失。無小大，無衆寡，無敢慢，故君子正其衣冠，尊其瞻視，^⑤"望之儼然，即之也温，聽其言也厲"。^⑥

無欺暗室，^⑦不愧屋漏，^⑧"明則有禮樂，幽則有鬼神"。^⑨是以賢者昏行不變節，夜浴不改容。唯禮唯敬，履之則安，失之則危。《詩》曰："相鼠有體，人而無禮。人而無禮，胡不遄死。"^⑩《易》曰："藉用白茅。"^⑪禮敬之至也。

【校注】

① 人倫三綱：儒家所倡導的封建社會中的倫理綱常。《孟子·滕文公上》："使契爲司徒，教以人倫：父子有親，君臣有義，夫婦有別，長幼有叙，朋友有信。"人倫：亦稱"五倫""五常"。三綱：由漢董仲舒提出（見《春秋繁露·基義》），經後代封建統治階級加以系統化的君臣、父子、夫婦之道。《白虎通·三綱六紀》："三綱者，何謂也？謂君臣、父子、夫婦也。……故《含文嘉》曰：'君爲臣綱，父爲子綱，夫爲妻綱。'"

② "定親疏"四句：見《禮記·曲禮》："夫禮者，所以定親疏、決嫌疑、別同異、明是非也。"

③ 經：本指《儀禮》，揆之上下文，此當指“三禮”：《儀禮》《周禮》《禮記》。

④ “父慈”至“臣忠”：見《禮記·禮運》：“何謂人義？父慈、子孝、兄良、弟弟、夫義、婦聽、長惠、幼順、君仁、臣忠十者，謂人之義。”

⑤ “無小大”至“尊其瞻視”：見《論語·堯曰》孔子回答子張語，唯語句有顛倒、省略：“子曰：‘……君子無衆寡，無小大，無敢慢，斯不亦泰而不驕乎？君子正其衣冠，尊其瞻視儼然，人望而畏之，斯不亦威而不猛乎？’”

⑥ “望之”三句：見《論語·子張》：“子夏曰：‘君子有三變：望之儼然，即之也溫，聽其言也厲。’”

⑦ 無欺暗室：暗室：幽暗無人之處。《梁書·武帝紀下》：“性方正，雖居小殿暗室，恒理衣冠。”又，《簡文帝紀》題壁自序：“弗欺暗室，豈況三光。”

⑧ 不愧屋漏：屋漏：房子的西北角。古人設床在屋的北窗旁，因西北角上開有天窗，日光由此照射入室，故稱屋漏。《詩·大雅·抑》：“相在爾室，尚不愧於屋漏。”《疏》：“屋漏者，室內處所之名，可以施小帳而漏隱之處，正謂西北隅也。”後稱不愧屋漏，即不欺暗室之意。《禮記·中庸》：“尚不愧於屋漏。”《疏》：“言無人之處，尚不愧之，況有人之處，不愧之可知也。言君子無問有人無人，恒能畏懼也。”

⑨ “明則”兩句：見《禮記·樂記》。

⑩ “相鼠”四句：出《詩·鄘風·相鼠》。該詩共分三章，此爲第三章。

⑪ 藉用白茅：《易·大過》初六爻辭：“藉用白茅，無咎。”《象》曰：“‘藉用白茅’，柔在下也。”《易·系辭上》引該爻辭後說：“子曰：‘苟錯諸地而可矣，借之用茅，何咎之有？慎之至也。夫茅之爲物薄，而用可貴也。慎斯術也以往，其無所失矣。’”

173

卷　下

將仕郎試大理評事賜排魚袋張弧　撰

履　樂

素履子曰：夫樂者，天地四時之和也。^①故律呂調則陰陽和，^②五音調則四時叙。^③是故，古昔帝王制禮作樂，以化民也。是以黃帝曰《雲門》，^④顓頊曰《六莖》，^⑤帝嚳曰《五英》，^⑥堯曰《咸池》，^⑦舜曰《大韶》，^⑧禹曰《大夏》，^⑨湯曰《大濩》，^⑩武王曰《大武》，^⑪皆八代之樂也，用彰其德，以明其功。故天地四時，皆順從其化。

夫八聲之用，^⑫《樂記》曰：^⑬"鐘聲鏗，鏗以立號，號以立橫，橫以立武，君子聽鐘聲，則思武臣。石聲磬，磬以立別，別以致死，君子聽磬聲，則思死封疆之臣。絲聲哀，哀以立廉，廉以立志，君子聽琴瑟之聲，則思志義之臣。竹聲濫，濫以立會，會以聚衆，君子聽竽笙簫管之聲，則思畜聚之臣。鼙鼓之聲讙，讙以立動，動以進衆，君子聽鼙鼓之聲，則思將帥之臣。"⑭五音之用也，⑮五行之音以調正氣。⑯春之角，以其清濁中，人之象。春氣和則角聲調。《樂記》曰"角亂則憂，其民怨"也。夏之徵，以其徵清，事之象也。夏氣和則徵聲調。《樂記》曰"徵亂則哀，其事勤"也。季夏之宮，以其嚴大。⑰《樂記》曰"宮亂則荒，其君驕"也。秋之商，以其濁中次宮，臣之象也。秋氣和則商聲調。《樂記》曰"商亂則陂，其臣壞"也。冬之羽，以其嚴清，⑱物之象也。冬氣和則羽聲調。《樂記》曰"羽亂則危，其財匱"也。此五音八聲之用也，所以人情不能免也。⑲用之祭天地，乃天神降，地祇昇；用之祭山川，則神鬼饗；用之化人，則人民和。故用得其節，⑳則"樂行而倫清，耳目聰明，血氣和平，移風易俗，天下皆寧"。㉑用失其節，則鄭衛之音作，㉒桑間濮上之風行。㉓所以"治世之音安以樂，其政和。亂世之音怨以怒，其政乖。亡國之音哀以思，其民困"。㉔又，清爲君，濁爲臣，清爲陽，濁爲陰，清濁不亂，君臣和平，陰陽順序。賢者聽其音而知其治。㉕

然"五帝殊時，不相沿樂；三王異代，不相襲禮"。㉖至於"禮情主敬，樂情主和"，㉗敬之與和，萬代不易。是以，禮節之於繁，樂節之於過。禮繁則亂，樂過則淫，節樂止淫，履之本也。

【校注】

① "夫樂"兩句：《禮記·樂記》作"樂者，天地之和也"。

② 律吕：樂律的統稱。古代樂律有陽律、陰律各六，合爲十二律。陽六曰律，爲黄鐘、太蔟、姑洗、蕤賓、夷則、無射；陰六曰吕（亦稱"同"），爲大吕、夾鐘、仲吕、林鐘、南吕、應鐘，合稱律吕。

③ 五音：宫、商、角、徵、羽。也叫五聲。

④ 《雲門》：黄帝樂曲名。鄭玄謂黄帝"其德如雲之所出，民得以有族類"，故其樂稱《雲門》。

⑤ 《六莖》：也作"六莖"，據説爲顓頊樂曲名。《玉篇零卷·音部》引《白虎通》："顓頊樂曰六莖也，言協和律歷以調陰陽，莖著萬物者也。"

⑥ 《五英》：亦作"五韺"，樂曲名，相傳爲帝嚳所作。《漢書·禮樂志》："昔……帝嚳作《五英》。"《白虎通·禮樂》："帝嚳曰《五英》者，言能調和五聲以養萬物，調其英華也。"

⑦ 《咸池》：又名《大咸》，帝堯樂曲名。咸，皆也；池，施也；言堯德無所不施也。《漢書·禮樂志》謂"黄帝作《咸池》"，《周禮·春官·大司樂》之《疏》謂：黄帝之樂，堯增修沿用。

⑧ 《大韶》：舜樂曲名。《漢書·禮樂志》："舜作《招》，《招》，繼堯也。"顏師古曰："招讀曰韶。""韶之言紹，故曰繼堯也。"

⑨ 《大夏》：亦作《夏》，禹樂曲名。《漢書·禮樂志》："禹作《夏》……《夏》，大承二帝也。"顏師古曰："夏，大也。二帝謂堯、舜也。"

⑩ 《大濩》：商湯樂曲名。《漢書·禮樂志》："湯作《濩》……《濩》，言救民也。"《吕氏春秋·古樂》《白虎通·禮樂》皆作"大護"。

⑪ 《大武》：周武王樂曲名。《漢書·禮樂志》："武王作《武》……《武》，言以功定天下也。"

⑫ 八聲：古代有"五聲""八音"之説，而不見"八聲"。五聲，指宫、商、角、徵、羽。八音，指金、石、絲、竹、匏、土、革、木。

金爲鐘，石爲磬，琴瑟爲絲，簫管爲竹，笙竽爲匏，塤爲土，鼓爲革，柷敔爲木。從下文所引《樂記》文字看，此"八聲"指八音之聲。

⑬《樂記》：《禮記》四十九篇之一，是儒家關於音樂理論的經典著作。相傳爲孔子弟子（或再傳弟子）公孫尼子所作，但其不僅觀點、甚至有些語句都與《荀子·樂論》相同，研究證明：並非荀子襲用《樂記》。其中亦雜入些漢人的東西。

⑭"鐘聲鏗"至"思將帥之臣"：見《禮記·樂記》，但"石聲硜"之"硜"及"硜以立別"之"硜"，《樂記》均作"磬"，"立別"之"別"及"別以致死"之"別"均作"辨"。"濫以立會"之"會"及"會以聚衆"之"會""會以聚衆"之"聚"，《樂記》均同，但"百家本""叢書本""四庫本""會"均作"信"，"聚"均作"巌"。"鼙鼓"，《樂記》作"鼓鼙"。

⑮ 五音：也叫五聲，即宮、商、角、徵、羽。

⑯ 五行之音：古人以"五行"配"五音""五季"，即木、火、土、金、水，配角、徵、宮、商、羽和春、夏、季夏、秋、冬。並認爲"五音"是否中正與五季之氣及相關之事物具有對應關係。《禮記·樂記》云："宮爲君，商爲臣，角爲民，徵爲事，羽爲物，五者不亂，則無怗懘之音矣。宮亂則荒，其君驕。商亂則陂，其官壞。角亂則憂，其民怨。徵亂則哀，其事勤。羽亂則危，其財匱。五者皆亂，迭相陵，謂之'慢'，如此，則國之滅亡無日矣。"

⑰ 嚴：原作"最"，據"百家本""叢書本""四庫本"改。按：此句之下似應有"君之象也。季夏氣和則宮聲調"。因爲"春之角"爲"人之象"，"夏之徵"爲"事之象"，"秋之商"爲"臣之象"，"冬之羽"爲"物之象"，且皆先謂"某聲調"再接"《樂記》曰"。又據《禮記·樂記》"宮爲君，商爲臣……宮亂則荒，其君驕。商亂則陂，其官壞"來看，亦應有"君之象也。季夏氣和則宮聲調"。

⑱ 嚴：原作"最"，據"百家本""叢書本""四庫本"改。

⑲ 所以人情不能免也：《禮記·樂記》作"夫樂者，樂也，人情之所以不能免也"。

⑳ 故用得其節：原無"用"字，"百家本""叢書本"同。此據"四庫本"增。因從下文"用失其節，則鄭衛之音作，桑間濮上之風行"看，"四庫本"是。

㉑ "樂行"至"皆寧"：見《禮記·樂記》。

㉒ 鄭衛之音：指春秋時期鄭衛兩國的民間音樂。孔子曾指斥"鄭聲淫"，並主張"放鄭聲"（《論語·衛靈公》），所以後世便以"鄭衛之音"代指淫蕩之樂歌。

㉓ 桑間濮上：《禮記·樂記》："桑間濮上之音，亡國之音也。"鄭玄《注》："濮水之上，地有桑間者，亡國之音，於此之水出也。昔殷紂使師延作靡靡之樂，已而自沉於濮水。後師涓過焉，夜聞而寫之，爲晉平公鼓之，是之謂也。"後即以此作爲淫靡風俗流行之地的代稱。

㉔ "治世"至"民困"數句：見《禮記·樂記》。

㉕ 賢者聽其音而知其治："百家本""四庫本"同，"叢書本""治"後有"秩"字。

㉖ "五帝殊時"四句：見《禮記·樂記》，但"代"作"世"。

㉗ 禮情主敬，樂情主和：《史記·樂書》張守節《正義》作"樂情主和，禮情主敬"。

履富貴

素履子曰，"富與貴，是人之所欲；不以其道得之，不處也"。①當修德而取富貴。

修德也者，②持盈守成，恭儉謙讓，節用而愛人，克己而復禮，施而不望報，惠而不費財，不濫其居，不飾其服，遇凶年不儉，遇豐歲不奢。是以"管仲鏤簋，朱紘，山節，藻梲，君子以爲濫。晏平仲祀其先人，豚肩不掩豆，澣衣濯冠以朝，君子以爲隘"。③則君子當其位，行其道，不逾越而奢侈，不儉陋而乖禮，不過淫以聲色，④不貪暴於貨財。絕驕奢，去躭嗜，貶酒闕色，去嫌遠疑，⑤濟物利人，安民和衆。常守謙慎之心，不忘忠孝之志。

《道經》云："知足者富。"⑥《孝經》曰："高而不危，所以長守貴。滿而不溢，所以長守富。"⑦《易》曰："天道虧盈而益謙，地道變盈而流謙，鬼神害盈而福謙，人道惡盈而好謙。謙尊而光，卑而不可逾。"⑧又曰："勞謙君子有終，吉。"⑨

【校注】

① "富與貴"四句：見《論語·里仁》："子曰：'富與貴，是人之所欲也；不以其道得之，不處也。'"

② 修德也者：原作"得富貴也"，據"百家本""叢書本"改。"四庫本""得"作"德"。

③ "管仲"至"以爲隘"數句：見《禮記·禮器》篇。鏤簋：指鏤玉以裝飾簋，這是天子的簋飾，大夫的簋是刻龜以飾。朱紘：天子繫冕、弁的絲帶，大夫只能用黑而有淺絳色的絲帶。山節、藻梲：見《履道》注⑳。君子以爲濫：君子以爲管仲的做法濫用禮，有悖禮制。晏平仲：即晏嬰，字平仲，齊大夫。豚肩不掩豆：豆，古代食肉器、禮

器。形容晏子祭祀先人過於節儉不合禮制。按禮，其身爲大夫，祭先人當用少牢（羊和豕）。澣衣濯冠以朝：朝見國君只把衣、冠洗一洗。孔《疏》：“大夫須鮮華之美，而晏氏浣衣濯冠以朝君，是不華也。”澣：通“浣”，原作“瀚”，據“百家本”“叢書本”“四庫本”改。濯：原作“彈”，“百家本”“叢書本”“四庫本”均作“濯”，《禮記·禮器》亦爲“濯”，據改。君子以爲隘：君子認爲晏氏的行爲過於偏狹，亦不合禮制。

④ “不過淫以聲色”之“以”：原作“於”，據“百家本”“叢書本”“四庫本”改。

⑤ “去嫌遠疑”之“去”：原作“避”，據“百家本”“叢書本”“四庫本”改。

⑥ 《道經》：道教的經典。“知足者富”，見《老子》第二十三章。可知此所謂“道經”即《老子》。

⑦ “高而不危”四句：見《孝經·諸侯章第三》：“高而不危，所以長守貴也。滿而不溢，所以長守富也。”

⑧ “天道”至“不可逾”：見《周易·謙·彖》。

⑨ 勞謙君子有終，吉：爲《易·謙》九三爻辭。

履貧賤

素履子曰，“貧與賤，是人之所惡；不以其道得之，不去也”；①“士志於道，而耻惡衣惡食者，未足與議也”；②“君子憂道不憂貧”；③“不患貧而患不安”。④

昔釣魚之叟，蓬巖之士，⑤貧而遂道。⑥故賢子夏之鶉衣，⑦原憲之桑樞，⑧顏子之“一簞食，一瓢飲”，⑨“飯蔬食飲水，曲肱而枕之，樂亦在其中矣”。⑩曾子正冠而緌斷，納履而踵決，整襟而肘見，曳屣而歌《商頌》，聲滿天地，若出金石。天子不得爲臣，諸侯不得爲友。此致道者亡身，養志者亡命，此皆貧而樂道者也。⑪亦有門栽五柳，⑫庭植三荊，⑬叩角而歌，⑭采樵而咏，⑮皆履貧之士也。賢者在事，載士而歸，留犢而去，⑯常遠三惑，⑰早慎四知。⑱士之廉而履貧者也。或捨金存寶，棄賣重言；不嫌蝸舍之居，⑲而守蓬蒿之室；飲水食菜，守道安貧。悉士之至賢，高尚其道。

孔宣父云：⑳“不知命無以爲君子。”㉑命者，窮達之分，皆自樂天知命而已。㉒若好勇疾貧，㉓臨財苟得，㉔非君子之人。欲慕賢哲之蹤，則不恥縕敝之袍，㉕蓽門圭竇者矣。㉖

【校注】

① “貧與賤”四句：見《論語·里仁》：“貧與賤，是人之所惡也；不以其道得之，不去也。”

② “士志於道”三句：孔子語。見《論語·里仁》。

③ 君子憂道不憂貧：見《論語·衛靈公》：“子曰：‘君子謀道不謀食。耕也，餒在其中矣；學也，禄在其中矣。君子憂道不憂貧。’”

④ 不患貧而患不安：見《論語·季氏》：“孔子曰：‘……丘也聞有國有家者，不患寡而患不均，不患貧而患不安。’”

⑤ “昔釣魚”兩句：當非實指，而是泛稱甘履貧賤的守道之士。

⑥ 道：原作“通”，“百家本”“四庫本”同，“叢書本”作“道”，據改。

⑦ 子夏之鶉衣：子夏：姓卜，名商，字子夏，孔子弟子。鶉衣：

破舊襤褸的衣服。《荀子·大略》："子夏家貧，衣若縣鶉。"

⑧ 原憲之桑樞：原憲：姓原，名思，字憲，孔子弟子。桑樞：用桑條編成的門軸。《莊子·讓王》："原憲居魯，環堵之室，茨以生草；蓬户不完，桑以爲樞；而甕牖二室，褐以爲塞；上漏下濕，匡坐而弦。"《韓詩外傳》《新序》均載此事，但二書"弦"後均有"歌"字。

⑨ 顏子之"一簞食，一瓢飲"：顏子：姓顏，名回，字子淵，孔子弟子。之：底本無，而據上兩句，當有"之"字爲妥，據"百家本""叢書本""四庫本"增。一簞食，一瓢飲：見《論語·雍也》："子曰：'賢哉，回也！一簞食，一瓢飲，在陋巷，人不堪其憂，回也不改其樂。賢哉，回也！'"

⑩ "飯蔬食"三句：見《論語·述而》："子曰：'飯蔬食飲水，曲肱而枕之，樂意在其中矣。不義而富且貴，於我如浮雲。'"

⑪ "曾子"至"樂道者也"：見《莊子·讓王》，文字稍有差異："曾子居衛，緼袍無表，顏色腫噲，手足胼胝。三日不舉火，十年不制衣，正冠而纓絶，捉衿而肘見，納屨而踵決。曳縰而歌《商頌》，聲滿天地，若出金石。天子不得臣，諸侯不得友。故養志者忘形，養形者忘利，致道者忘心矣。"《新序·節士》略同，但"曾子"作"原憲"。"曾子正冠而纓斷"之"曾子"："百家本""四庫本"同，"叢書本"作"其或"。按：從上文"子夏""原憲""顏子"皆稱名來看，當作"曾子"爲是。"聲滿天地"之"地"：原作"下"，"百家本""叢書本"同，"四庫本"作"地"，《莊子·讓王》亦作"地"，據改。

⑫ 五柳：晋陶潛以宅旁有五株柳樹，而自號五柳先生。

⑬ 三荊：一株三枝的荊樹。詩人常用來比喻同胞兄弟。

⑭ 叩角而歌：敲着牛角唱歌。《藝文類聚》九四引《琴操》："寧戚飯牛車下，叩角而商歌……齊桓公聞之，舉以爲相。"

⑮ 采樵而咏：似指朱買臣事。《漢書·朱買臣傳》謂其："家貧，好讀書，不治產業，常艾薪樵，賣以給食，擔束薪，行且誦書。其妻亦

負戴相隨，數止買臣毋歌嘔道中。買臣愈益疾歌……"按：自"門栽五柳"至此，雖皆可尋一對應典故，但揆諸上下文意，似非實指，當是泛稱甘履貧賤的隱居之士。

⑯ "賢者"三句：當是泛稱賢明的當政者皆重士輕財。載士而歸：《史記·齊太公世家》：西伯"遇太公於渭之陽，與語大説。……載與俱歸，立爲師。"留犢：《三國志·魏書·常林傳》裴《注》：時苗爲壽春縣令，就任時，駕黃牸牛，"居官歲餘，牛生一犢。及其去，留其犢，謂主簿曰'令來時無此犢，犢是淮南所生有也'"。

⑰ 三惑：指酒、色、財。《後漢書·楊秉傳》："秉性不飲酒，又早喪夫人，遂不復娶，所在以清白稱。嘗從容言曰：'我有三不惑：酒、色、財也。'"

⑱ 四知：《後漢書·楊震傳》載：震爲東萊太守時，"道經昌邑，故所舉荊州茂才王密爲昌邑令，謁見，至夜懷十金以遺震。震曰：'故人知君，君不知故人，何耶?'密曰：'暮夜無知者。'震曰：'天知，神知，我知，子知。何謂無知!'"

⑲ 不嫌蝸舍之居：嫌：原作"謙"，據"百家本""叢書本""四庫本"改。蝸舍：喻居室極狹小。晋崔豹《古今注·魚蟲》："蝸牛，陵螺也。……野人結圓舍，如蝸牛之殼。曰蝸舍。"

⑳ 孔宣父：指孔子。

㉑ "不知"句：見《論語·堯曰》："孔子曰：'不知命，無以爲君子也。'"

㉒ 樂天知命：知窮達皆由天命，泰然處之而已。《易·繫辭上》："旁行而不流，樂天知命，故不憂。"

㉓ 好勇疾貧：《論語·泰伯》："子曰：'好勇疾貧，亂也。'"

㉔ 苟得：隨便獲取。《禮記·曲禮上》教人"臨財毋苟得"。

㉕ 缊敝之袍：破爛的亂麻或舊絲絮填襯的袍子。《論語·子罕》："子曰：'衣敝缊袍，與衣狐貉者立，而不恥者，其由也歟?'"

㉖ 篳門圭竇：也作"篳門圭窬"，言貧者居室之陋。篳門：柴門。
圭竇：穿壁爲户，上尖下方，其狀如圭。

履　平

素履子曰：秤之用也，取之於衡；車之行也，通之於轍。
衡平，則毫釐不差；轍通則輗轂無滯。秤若失之於毫釐，則
權衡不正；車若虧之於輗轂，則轍迹難通。欲秤之平，則慎
之毫釐；欲轍之通，宜治之於輗轂。毫釐不失，輗轂無虧，
則謂天平地成。乃取《易·象》：①"上天下澤，《履》。君子
以辨上下，定民志。"②《履》之時用，③居安慮危，履平慮蹶。
所以《禮》云：④"積而能散，安而能遷。"⑤此君子履平而思
進也。

子房《素書》曰：⑥"衣不舉領者倒，走不視地者顛。"⑦
士若耽逸游，好財色，嗜酒多私，則平地生坑坎，安處有危
亡。是以《易》曰："九三，君子終日乾乾，夕惕若，厲無
咎。"⑧亦曰："履道坦坦，幽人貞吉。"⑨故《詩》曰："謂天
蓋高，不敢不局。謂地蓋厚，不敢不蹐。"⑩皆如履薄臨深，⑪
履平之至也。

【校注】

① 《易·象》：即《周易》之《象傳》。《周易》分經和傳兩大部

分，《周易》之卦辭（包括卦形、卦名）、爻辭（包括爻題）爲經，《象》《象》《文言》《繫辭》《說卦》《序卦》《雜卦》爲傳。傳是經之最古注解，如上所舉共有七種。其中《彖》《象》《文言》皆分爲上下兩篇，故傳共有七種、十篇，漢人稱之爲《十翼》，言其爲經之羽翼也。

②“上天”至“定民志”：見《易·履·象》。《履》：六十四卦之第十卦。履的一層意思是實踐，行動。另一層意思是實踐、行動所必須遵循的準則：履即禮。它認爲，人處天地間，只要能踐行禮，能柔順和悅，謙卑自處，則無險不可涉，縱然履虎尾，也沒妨礙。

③ 時用：《易》卦所展示的特定的“時”及其時的施用要旨。

④《禮》：此指《禮記》。

⑤“積而”兩句：見《禮記·曲禮上》，但“安而能遷”作“安安而能遷”。

⑥ 子房《素書》：子房：漢張良字。《素書》：兵書名。舊題黃石公撰，宋張商英注。因本文與注文大多如出一人之手，宋陳振孫《直齋書錄解題》謂爲依托之作，疑即商英所撰。《史記》《漢書》張良傳，均謂黃石公授張良之書爲《太公兵法》，此稱“子房《素書》”，不知受自黃石公者、還是張良所撰。正史本傳無端倪可尋。

⑦“衣不”兩句：見《素書·安禮章》。

⑧“九三”至“無咎”：《易·乾》九三爻辭。原“厲”後脫“無咎”，據“百家本”“叢書本”“四庫本”增。

⑨“履道”兩句：《易·履》九二爻辭。

⑩“謂天”四句：見《詩·小雅·正月》第六章。“局”：原詩同，意爲“彎曲”。“百家本”“叢書本”“四庫本”均作“跼”。

⑪ 履薄臨深：比喻戒慎恐懼。《詩·小雅·小旻》第六章：“如臨深淵，如履薄冰。”

履　危

素履子曰：居《屯》《蒙》危難之時常見。①《易·象》云："雲雷，《屯》。君子以經綸。初九，盤桓，利居貞。"②復見"山下有險，險而止，《蒙》"，③"退則困險，進則閡山"，④"蒙以養正，乃圣功也"，⑤"君子以果行育德"。⑥《屯》之時用，利在居貞；⑦《蒙》之時宜，利在養正。⑧是知"貞"之與"正"可以涉危難矣。

虞舜潛居中冀，⑨仁孝之心唯堅。周公出往東征，⑩忠貞之志益盛。⑪展禽三黜而不已直道，⑫子文三已而無慍辭。⑬西伯拘羑里，⑭仁德愈明；冶長囚縲絏，⑮而賢行不替。遭匡不改仁聖，⑯厄陳不徹鼓琴。⑰

君子福至不喜，禍至不懼。不緇不磷，⑱潔白之德益彰；不凋不衰，⑲清貞之操彌盛。《詩》云："我心匪石，不可轉也。我心匪席，不可卷也。"⑳又曰："風雨如晦，雞鳴不已。"㉑聖賢若是。所以長思《鴟鴞》之篇，㉒《鵬鳥》之賦然，㉓而"履虎尾，愬愬"，㉔涉險難，慎危兢兢。《易》曰："視履考祥，其旋元吉。"㉕又曰："進退不失其正者，其唯聖人乎！"㉖履道亨矣。

【校注】

①"居《屯》"句：《屯》：《易》卦名，六十四卦之第三卦，下震

上坎。《易·序卦》說："有天地然後萬物生焉。……屯者物之始生也。"從《周易》六十四卦的結構來說，《乾》《坤》二卦象天地，其餘六十二卦象《乾》《坤》二卦相交錯所產生的萬物。《屯》是乾、坤二卦始交而產生的第一卦，正像萬物始生、充塞於天地之間。在古人看來，天地開始產生萬物，萬物是處在一片混沌之中，阻塞鬱結，未有亨通，《屯》卦正是反映這種狀態的。從卦畫來看，下卦爲震，震義爲動；上卦爲坎，坎義爲險。動而遇險，動在險中，所以這一卦有屯難之義。《蒙》：亦六十四卦之卦名，即緊接《屯》卦後的第四卦，其爲下坎上艮。《易·序卦》說："屯者，物之始生也。……蒙者蒙也，物之稚也。"即物始生之後，必處於稚小的狀態。即人而言，則是童蒙未發之時。從卦體看，上艮爲山爲止，下坎爲水爲險。合觀之，便有山下有險，遇險而止之象。素履子以爲，人的一生經常會遇到像《屯》《蒙》卦所謂鬱塞不通，蒙昧不明的危難情境。

②"雲雷"至"利居貞"：見《屯·象》。

③"山下"至"《蒙》"：見《蒙·象》。

④"退則"兩句：王弼"山下有險，險而止，蒙"注文。見《周易正義》之《蒙》注。

⑤"蒙以養正，乃聖功也"：《蒙·象》作"蒙以養正，聖功也"。

⑥君子以果行育德：見《蒙·象》："山下出泉，蒙。君子以果行育德。"

⑦《屯》之時用，利在居貞：人遭遇《屯》之情形時，猶如事物剛剛草創，不可急於求進，利於安然居正以待時。

⑧《蒙》之時宜，利在養正：人處《蒙》之情境，如蒙昧不明之童蒙，利在涵養天真純正之品性。

⑨虞舜潛居中冀：虞舜：帝舜。潛居中冀：《史記·五帝本紀》載，舜爲冀州人，自五世窮蟬起"皆微爲庶人"。故此謂"虞舜潛居中冀"。

⑩ 周公出往東征：西周初，管、蔡叔挾武庚作亂，周公東征、平叛。

⑪ 貞：原作“實”，“百家本”“四庫本”同，據“叢書本”改。

⑫ 展禽三黜而不已直道：展禽：春秋時魯大夫，名獲，字禽，又字季，食邑柳下，謚號惠，故亦稱柳下惠。《論語·微子》：“柳下惠爲士師，三黜。人曰：‘子未可以去乎？’曰：‘直道而事人，焉往而不三黜？枉道而事人，何必去父母之邦？’”《孟子·萬章下》《左傳·僖公二十六年》《國語·魯語上》亦載有展禽事，可參。

⑬ 子文三已而無愠辭：子文：春秋楚大夫鬭穀於菟字。據《左傳》載，子文於魯莊公三十年始做令尹，止僖公二十三年讓位於子玉，共二十八年，其間可能多次被罷免又被任用，其被任不喜，遭罷不愠。《論語·公冶長》：“子張問曰：‘令尹子文三仕爲令尹，無喜色；三已之，無愠色。舊令尹之政，必以告新令尹。何如？’子曰：‘忠矣。’”子文事《左傳》《國語·楚語》有載，可參。

⑭ 西伯拘羑里：西伯：西方諸侯之長，指周文王。羑里：古地名，在今河南湯陰縣北。周文王曾被商紂王拘囚於羑里。

⑮ 冶長囚縲絏：冶長：即孔子學生公冶長。縲絏：拴罪人的繩索，此指代監獄。《論語·公冶長》：“子謂公冶長：‘可妻也。雖在縲絏之中，非其罪也。’以其子妻之。”

⑯ 遭匡不改仁聖：指孔子過匡被拘事。《史記·孔子世家》載：孔子將要去陳國，路過匡地，匡人以爲是曾虐待他們的魯人陽虎，便把孔子包圍了五天。“匡人拘孔子益急，弟子懼。孔子曰：‘文王既没，文不在茲乎？天之將喪斯文也，後死者不得與於斯文也。天之未喪斯文也，匡人其如予何！’”

⑰ 厄陳不徹鼓琴：指孔子周游列國時被圍於陳、蔡之野事。《史記·孔子世家》：“聞孔子在陳、蔡之間，楚使人聘孔子。孔子將往拜禮，陳、蔡大夫謀曰：‘孔子用於楚，則陳、蔡用事大夫危矣。’於是，

乃相與發徒役圍孔子於野。不得行，絕糧。從者病，莫能興。孔子講誦弦歌不衰。"

⑱ 不緇不磷：比喻美好的品德不會因環境的作用而改變。《論語·陽貨》："子曰：'不曰堅乎，磨而不磷；不曰白乎，涅而不緇。'"緇：黑色。磷：薄。

⑲ 不凋不衰：喻君子操守不變。《論語·子罕》："子曰：'歲寒，然後知松柏之後凋也。'"

⑳ "我心"四句：《詩·邶風·柏舟》第三章前四句。

㉑ "風雨"兩句：《詩·鄭風·風雨》第三章前兩句。

㉒ 《鴟鴞》：《詩·豳風·鴟鴞》。據程俊英《詩經譯注》說："這是一首禽言詩。全詩以一隻母鳥的口氣，訴說它過去被貓頭鷹抓走了小鳥，但仍經營巢窩，抵禦外侮，並書寫它育子修窩的辛勤勞瘁和目前處境的困苦危險。這當然是一首有寄托的詩，但所指何人何事，不得而知。歷代學者都認爲是周公旦作的，因爲《尚書·金縢》和《史記·魯世家》都記載周公在平定了管、蔡、武庚與淮夷之後，作了《鴟鴞》一詩送給成王。但是，《尚書·金縢》經近人考證，已定爲僞作；司馬遷《史記·魯世家》的記載當也是以《金縢》爲據的。所以周公作《鴟鴞》之說，未必可信。"

㉓ 《鵩鳥》：漢賈誼之賦。舊題漢劉歆《西京雜記》五："賈誼在長沙，鵩鳥集其承塵。長沙俗以鵩鳥至人家，主人死。誼作《鵩鳥賦》，齊生死，等榮辱，以遣憂累焉。"

㉔ 履虎尾，愬愬：《易·履》九四："履虎尾，愬愬，終吉。"

㉕ 視履考祥，其旋元吉：《易·履》上九爻辭。

㉖ 進退不失其正者，其唯聖人乎：《易·乾·文言》作："知進退存亡而不失其正者，其唯聖人乎。"

附　録

一、素履子序

夫《素履子》者，取《周易·履》卦："初九，素履往，無咎。"以純素爲本，履以履行爲先，雖衣布素，須履先王之政教。故取天地之始，乾坤之初，聖人設教之規，賢哲行道之迹。夫禍福之端，生於所履。是以聖人以德履帝位，而不疚光明者也。士庶履，能辯上下，定民志。輒修一十四篇，號曰《素履子》，以爲箴誡而已。

——《道藏·素履子序》，文物出版社，上海書店、天津古籍出版社，1988年，第二十一册，第七〇一頁。

二、李調元序

《素履子》三卷，唐將仕郎試大理評事張弧撰，分《履道》《履德》等十四篇。其書，《唐·藝文志》不載，《宋志》作一卷，屬誤。而晁昭德《郡齋讀書志》、陳氏《直齋書録解題》俱不載，今本係明范欽校刻者，其中亦頗有訛錯，因再爲讎校以壽世焉。羅江李調元鶴洲序。

　　——（清）李調元輯《函海》，清乾隆中綿州李氏萬卷樓刊，嘉慶十四年（1809）李鼎元重校印本，第一函《素履子·序》。

三、四庫全書總目

　　《素履子》三卷。兩淮馬裕家藏本

　　唐張弧撰。以《履道》《履德》《履忠》《履孝》等名分目，凡十四篇。其書，《新唐書·藝文志》、晁公武《讀書志》、陳振孫《書録解題》、尤袤《遂初堂書目》皆未著録，惟鄭樵《藝文略》《宋史·藝文志》有之。蓋其詞義平近，出於後代，不能與漢魏諸子抗衡，故自宋以來，不甚顯於世。宋濂作《諸子辨》亦未之及。然其援引經史，根據理道，要皆本聖賢垂訓之旨，而歸之於正。蓋亦儒家者流也。

　　弧，《唐書》無傳。宋晁説之《學易堂記》謂：世所傳《子夏易傳》乃弧僞作。舊題其官爲大理評事，而里貫已不可考。《藝文略》《宋志》皆作一卷，今本三卷，殆後人所分析歟？

——《四庫全書總目》卷九一《子部·儒家類一·素履子》。

四、道藏提要

《素履子》三卷，張弧撰。張弧，唐人。是書《通志·藝文略》《宋史·藝文志》有著錄。《四庫提要》云："蓋其詞義平近，出於後代，不能與漢魏諸子抗衡。故自宋以來，不甚顯於世。宋濂作《諸子辨》亦未之及。然其援引經史，根據理道，要皆本聖賢垂訓之旨，而歸於正，蓋亦儒家者流也。《藝文略》《宋史·藝文志》皆作一卷，今本三卷，殆後人所分析歟？"

是書凡十四篇。篇名首字皆爲"履"，依次配以道、德、忠、孝、仁、義、智、信、禮、樂、富貴、貧賤、平、危諸字。序曰："夫《素履子》者，取《周易·履卦》'初九，素履往，無咎'。以純素爲本，履以履行爲先，雖衣布素，須履先王之政教。"蓋以踐忠孝仁義等道德爲主，受儒家思想影響其深。

——任繼愈主編：《道藏提要》，中國社會科學出版社，1991 年，第 467 頁。